高校入試 10日でできる 関数

特長と使い方

◆1日4ページずつ取り組み，10日間で高校入試直前に弱点が克服でき，実戦力が強化できます。

例題と解法 解法の穴埋めをして，基本の考え方を身につけましょう。

入試実戦テスト 入試問題を解いて，実戦力を養いましょう。

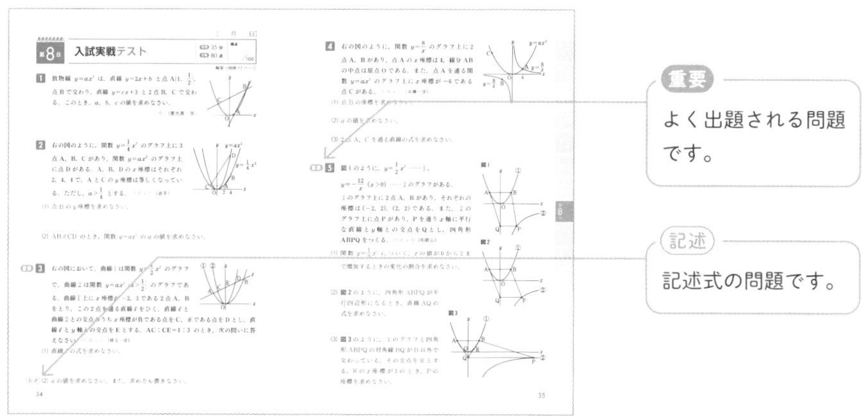

◆巻末には「総仕上げテスト」として，総合的な問題や，思考力が必要な問題を取り上げたテストを設けています。10日間で身につけた力を試しましょう。

目次と学習記録表

◆学習日と入試実戦テストの得点を記録して，自分自身の弱点を見極めましょう。
◆１回だけでなく，復習のために２回取り組むことでより理解が深まります。

本書に関する最新情報は，小社ホームページにある**本書の「サポート情報」**をご覧ください。（開設していない場合もございます。）
なお，この本の内容についての責任は小社にあり，内容に関するご質問は直接小社におよせください。

出題傾向

◆「数学」の出題割合と傾向

〈「数学」の出題割合〉

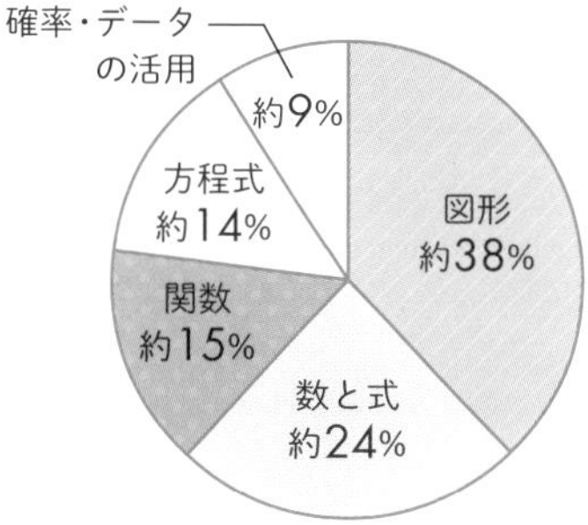

- 図形 約38%
- 数と式 約24%
- 関数 約15%
- 方程式 約14%
- 確率・データの活用 約9%

〈「数学」の出題傾向〉

- 過去から出題内容の割合に大きな変化はない。
- 各分野からバランスよく出題されている。
- 各単元が混ざり合って，融合問題になるケースも少なくない。
- 答えを求める過程や考え方を要求される場合もある。

◆「関数」の出題傾向

- 1次関数と関数 $y=ax^2$ との融合問題かグラフの利用問題(速さと時間，動点)のどちらかがほぼ出題されるといってよい。
- 長文化が進み，バリエーションが豊かになっている。
- 図形の考え方が要求される問題もよく見られる。

合格への対策

◆入試問題に慣れよう

まずは，基本的な公式や定理などをきちんと覚えているか，教科書で確認しましょう。次に，それらを使いこなせるように練習問題をこなしていきましょう。

◆間違いの原因を探ろう

間違えてしまった問題は，それが計算ミスによるものなのか，それとも理解不足なのか，その原因を追究しましょう。そして，計算ミスの内容を書き出したり，理解不足な問題の類題を繰り返し解いたりしましょう。

◆条件を整理しよう

条件文の長い問題が増加しています。条件を整理して表や線分図にしたり，図にかきこんだりすると突破口になる場合があるので，普段から習慣づけておくとよいでしょう。

第1日 比例と反比例

解答→別冊1ページ

1 比例・反比例

例題 ① 次の x，y の関係を式で表し，y が x に比例するか，反比例するかを答えなさい。

(1) 100 g が 500 円のお茶を x g 買うと，代金は y 円である。

(2) 底辺が x cm，高さが y cm の三角形の面積は 20 cm^2 である。

ともなって変わる 2 つの変数 x，y の関係が

・$y=ax$（a は定数）で表される ⇨ y は x に比例する

・$y=\dfrac{a}{x}$（a は定数）で表される ⇨ y は x に反比例する

このとき，a を比例定数という。

解法 (1) 100 g が 500 円だから，1 g は [①　　　] 円になる。

よって，式は $y=$ [②　　　] となり，$y=ax$ ←式の形で，比例か反比例かがわかる

で表されるので，y は x に [③　　　] する。　　答 $\boldsymbol{y=5x}$，**比例する**

(2) (三角形の面積)$=\dfrac{1}{2}\times$(底辺)$\times$(高さ) だから，$20=\dfrac{1}{2}xy$

よって，式は $y=$ [④　　　] となり，$y=\dfrac{a}{x}$ ←式の形で，比例か反比例かがわかる

で表されるので，y は x に [⑤　　　] する。　　答 $\boldsymbol{y=\dfrac{40}{x}}$，**反比例する**

2 比例・反比例の式

例題 ② 次の問いに答えなさい。

(1) y は x に比例し，$x=2$ のとき $y=-6$ である。このとき，y を x の式で表しなさい。

(2) y は x に反比例し，$x=4$ のとき $y=2$ である。このとき，y を x の式で表しなさい。

比例や反比例の式を求めるには，$y=ax$ や $y=\dfrac{a}{x}$ に x，y の値を代入して，比例定数 a を求めればよい。

① y は x に**比例する** $\iff y=ax$ (a は定数) で表される。
② y は x に**反比例する** $\iff y=\dfrac{a}{x}$ (a は定数) で表される。
③ 比例や反比例のグラフをかけるようにする。

(1) y は x に比例するから，比例定数を a とすると，

$y=$ ① ＿＿ と表される。

これに，$x=2$，$y=-6$ を代入すると，$-6=a\times 2$

これより，$a=$ ② ＿＿ ←比例定数がわかれば，式がわかる　　答 $y=-3x$

(2) y は x に反比例するから，比例定数を a とすると，

$y=$ ③ ＿＿ と表される。

これに，$x=4$，$y=2$ を代入すると，$2=\dfrac{a}{4}$

これより，$a=$ ④ ＿＿ ←比例定数がわかれば，式がわかる　　答 $y=\dfrac{8}{x}$

3 比例・反比例のグラフ

例題 3 次の関数のグラフをかきなさい。

(1) $y=2x$　　(2) $y=\dfrac{4}{x}$

比例のグラフは，原点を通る直線なので，原点ともう 1 点をとって，2 点を通る直線をひく。

反比例のグラフは，双曲線となるように $y=\dfrac{a}{x}$ を満たす点をいくつかとって，なめらかな曲線で結ぶ。

(1) $y=2x$ のグラフは，比例のグラフだから，① ＿＿ を通る直線である。

他の 1 点は，$x=1$ のとき，$y=2\times 1$ だから，(1, ② ＿＿)

よって，原点と (1, ③ ＿＿) を通る直線をひけばよい。　　答 下の図

(2) $y=\dfrac{4}{x}$ のグラフは反比例のグラフだから，

④ ＿＿ とよばれる曲線である。

$y=\dfrac{4}{x}$ を満たす点をとると，

(−4, ⑤ ＿＿), (−2, −2), (−1, −4) と

(1, 4), (2, ⑥ ＿＿), (4, 1)

これらの点をそれぞれなめらかな曲線で結ぶ。　　答 上の図

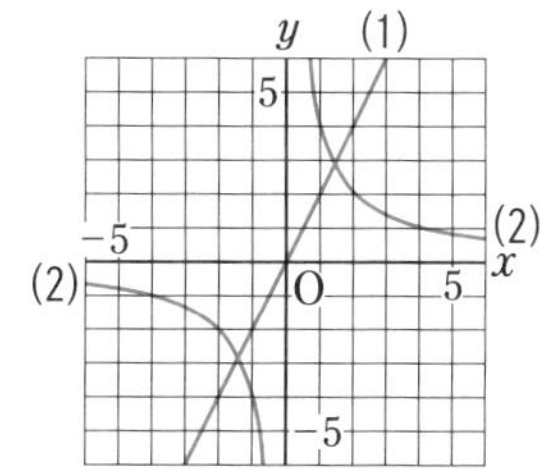

［　月　日］

第1日 入試実戦テスト

時間 30分　合格 80点　得点 ／100

解答→別冊1ページ

1 **次の問いに答えなさい。**（6点×5）

(1) y は x に比例し，$x=3$ のとき $y=-15$ である。y を x の式で表しなさい。〔福島〕

(2) y は x に比例し，$x=-3$ のとき $y=36$ である。$x=\frac{2}{3}$ のとき，y の値を求めなさい。〔山梨－改〕

(3) y は x に反比例し，$x=3$ のとき $y=2$ である。y を x の式で表しなさい。〔石川〕

(4) y は x に反比例し，$x=4$ のとき $y=8$ である。$x=2$ のとき，y の値を求めなさい。〔長崎〕

(5) 右の表で，y が x に反比例するとき，□にあてはまる数を求めなさい。〔青森〕

x	-4	-2	0
y	□	3	╳

2 **右の図について，次の問いに答えなさい。**（4点×5）

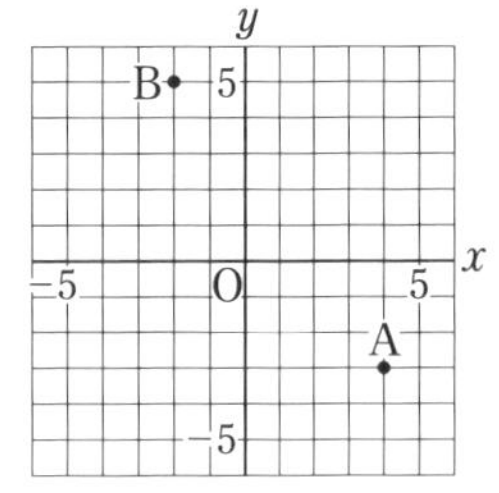

(1) 次の点の座標を求めなさい。

① 点A　　② 点B

(2) 右の図に，次の点をかき入れなさい。

① C(2，4)　　② D(−3，−5)

(3) 点E(4，3)と y 軸について対称な点の座標を求めなさい。〔栃木〕

3 **右の図のように，2点A(2，6)，B(8，2)がある。次の文中の㋐，㋑にあてはまる数を求めなさい。**
直線 $y=ax$ のグラフが，線分AB上の点を通るとき，a の値の範囲は，㋐$\leqq a \leqq$㋑である。（10点）

〔和歌山〕

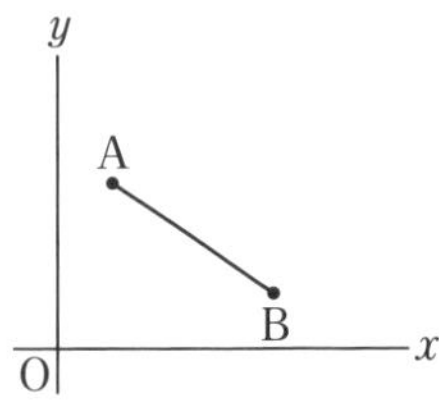

重要 **4** 右の図のように，関数 $y=\dfrac{24}{x}$ とそのグラフ上の点Aを通る関数 $y=ax$ のグラフがある。点Aの x 座標が6のとき，a の値を求めなさい。(10点)〔青森〕

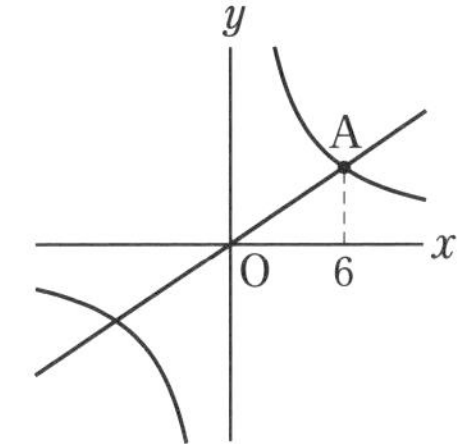

5 右の図は，反比例の関係 $y=\dfrac{a}{x}$ のグラフである。ただし，a は正の定数とし，点Oは原点とする。次の問いに答えなさい。(6点×3)〔岡山〕

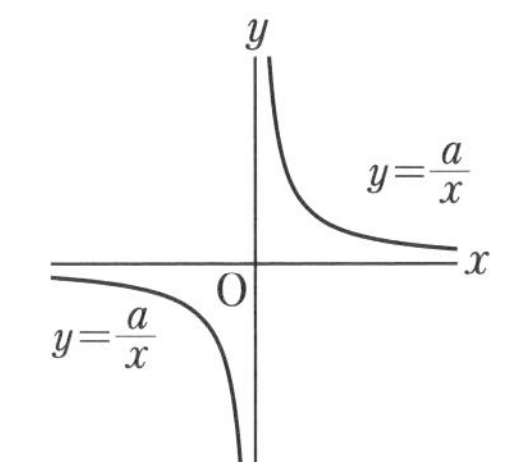

(1) y が x に反比例するものは**ア**～**エ**のうちではどれですか。あてはまるものをすべて答えなさい。

ア 面積が20 cm^2 の平行四辺形の底辺 x cm と高さ y cm

イ 1辺が x cm の正六角形の周の長さ y cm

ウ 1000 m の道のりを毎分 x m の速さで進むときにかかる時間 y 分

エ 半径 x cm，中心角120°のおうぎ形の面積 y cm^2

(2) グラフが点(4, 3)を通るとき，次の問いに答えなさい。

① a の値を求めなさい。

② x の変域が $3 \leqq x \leqq 8$ のとき，y の変域を求めなさい。

6 右の図のような1辺が5 cm の正方形ABCDがある。点Pは，辺BC上を点Bから点Cまで動く点で，2点B，Cと異なる点である。点Qは，点Pを通り，線分BCに垂直な直線と，線分BDとの交点である。また，点Aと点Qを結ぶ。線分BPの長さを x cm とするとき，x の変化にともなって変わる次の**ア**～**エ**の数量 y のうち，y が x に比例するものはどれですか。1つ選んで，その記号を答えなさい。(12点)〔香川〕

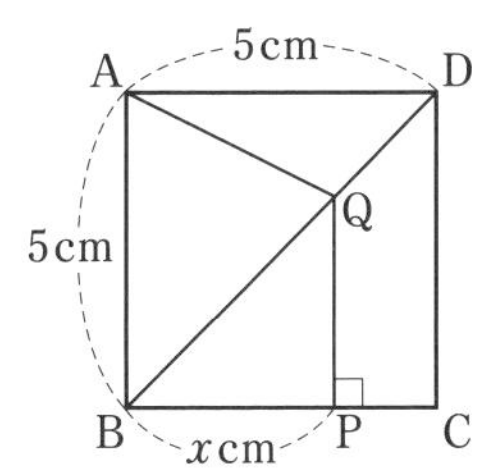

ア △BPQの面積を y cm^2 とする。　**イ** △AQDの面積を y cm^2 とする。

ウ △ABQの面積を y cm^2 とする。　**エ** 線分PCの長さを y cm とする。

[　　月　　日]

第2日 1次関数とグラフ

解答→別冊3ページ

1 1次関数

例題① **1次関数 $y=2x-1$ について，次の問いに答えなさい。**

(1) $x=-3$ のとき，対応する y の値を求めなさい。

(2) 変化の割合を求めなさい。

(3) x の値が -1 から 2 に増加するとき，y の増加量を求めなさい。

確認!

y が x の1次関数 ⇒ $y=ax+b$ ……(x の1次式)

$(\text{変化の割合})=\dfrac{(y\text{の増加量})}{(x\text{の増加量})}$

1次関数 $y=ax+b$ では，(変化の割合)$=a$ で，一定である。

(y の増加量)$=a\times$(x の増加量)

解法 (1) 1次関数の式に $x=$ ① を代入する。

$y=2\times(-3)-1=-7$ ……答

(2) 1次関数の変化の割合は，x の係数に等しいから，② ……答

(3) x の増加量は，$2-(-1)=3$

y の増加量は，

③ $\times3=$ ④ ……答　←(y の増加量)＝(変化の割合)×(x の増加量)

2 1次関数のグラフ

例題② **次の1次関数のグラフをかきなさい。**

(1) $y=\dfrac{1}{2}x-2$　　(2) $y=-3x+1$

確認!　1次関数 $y=ax+b$ のグラフは，傾き a，切片 b の直線である。

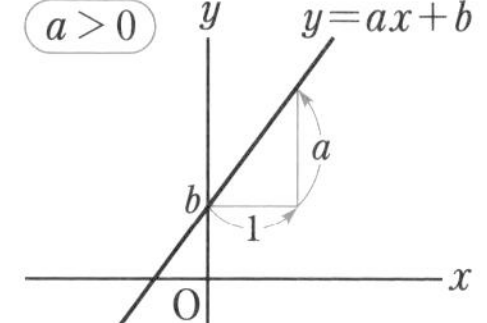

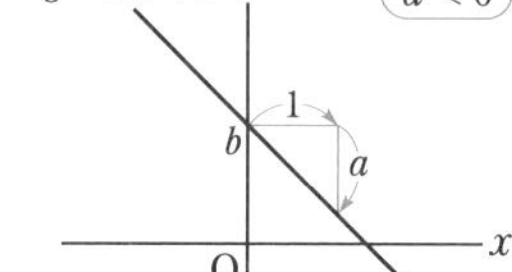

$a>0$ のとき ⇒ 右上がりの直線　　$a<0$ のとき ⇒ 右下がりの直線

① 1次関数 $y=ax+b$ の**変化の割合**は，x の係数 a に等しく一定である。
② 1次関数 $y=ax+b$ のグラフは，**傾き** a，**切片** b の直線である。
③ いろいろな条件を満たす直線の式を求めることができるようにする。

傾きと切片を求める。

(1) 傾き…[①]，切片…−2 答 **右の図**

(2) 傾き…−3，切片…[②] 答 **右の図**

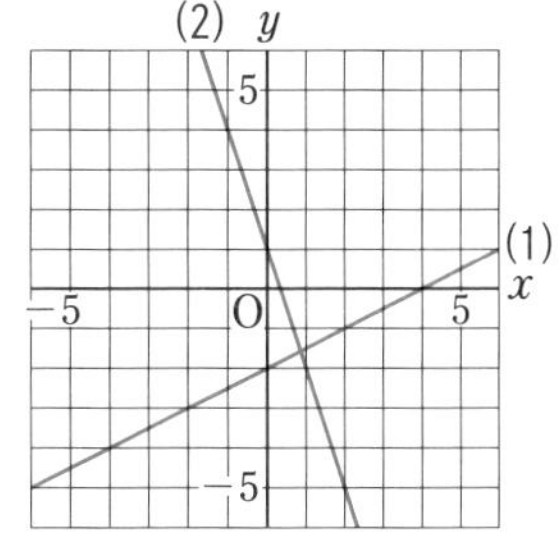

3 1次関数の式（直線の式）

例題 3 **グラフが次のようになる1次関数の式を求めなさい。**

(1) 傾きが3で，切片が −4 の直線

(2) 2点 (−1, 7), (2, −2) を通る直線

1次関数では，そのグラフで次のどれかがわかれば，式が求められる。

㋐ 傾きと切片　㋑ 1点と傾き　㋒ 1点と切片　㋓ 2点

(1) 傾きが3，切片が −4 だから，直線の式は，

$y=$[①]$x-$[②] ……答

(2) 2点を通る直線の式を求めるには，次の (A)，(B) の2通りの方法がある。

(A) 連立方程式を利用する。

求める直線の式を $y=ax+b$ とおく。

2点 (−1, 7), (2, −2) を通ることから，

$x=-1$, $y=7$ を代入して，$7=-a+b$

$x=2$, $y=-2$ を代入して，$-2=$[③]$+b$

これらを連立方程式として解いて，$a=-3$, $b=$[④]

(B) まず，直線の傾きを求める。

2点 (−1, 7), (2, −2) を通るので，直線の傾きは，

$\dfrac{-2-7}{2-(-1)}=$[⑤] ←(傾き)＝$\dfrac{(y\text{の増加量})}{(x\text{の増加量})}$

求める直線の式を $y=$[⑥]$x+b$ とおいて，$x=2$, $y=-2$ をこの式に代入すると，$-2=-6+b$ より，$b=$[⑦] 答 $\boldsymbol{y=-3x+4}$

［　月　日］

第2日 入試実戦テスト

時間 30分　合格 80点　得点 /100

解答→別冊3ページ

1 次の問いに答えなさい。(5点×2)

(1) 右の図は，1次関数 $y=ax+b$（a，b は定数）のグラフである。このときの a，b の正負について表した式の組み合わせとして正しいものを次の**ア**～**エ**のうちから1つ選んで，記号で答えなさい。〔栃木〕

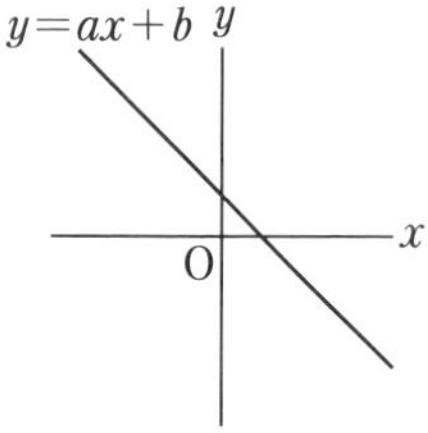

ア $a>0$，$b>0$　　**イ** $a>0$，$b<0$

ウ $a<0$，$b>0$　　**エ** $a<0$，$b<0$

(2) 右の図のような関数 $y=ax+b$ のグラフがある。点Oは原点とする。a，b の値を求めなさい。〔北海道〕

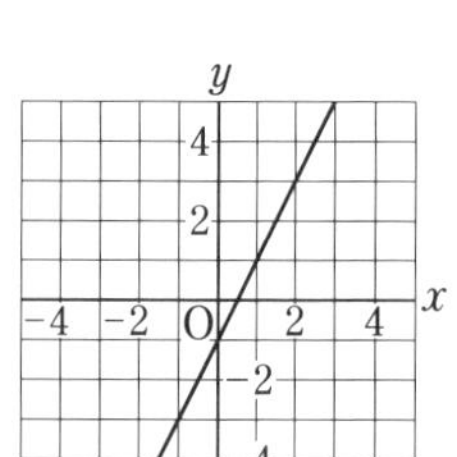

2 次の問いに答えなさい。(6点×2)

(1) 1次関数 $y=\frac{5}{3}x+2$ について，x の増加量が6のときの y の増加量を求めなさい。〔鹿児島〕

(2) 1次関数 $y=-2x+5$ で，x の変域を $-2 \leqq x \leqq 4$ とするとき，y の変域を不等号を使って表しなさい。〔茨城〕

3 グラフが次のようになる1次関数の式を求めなさい。(5点×5)

(1) $x=1$ のとき $y=-2$ で，変化の割合が -3 の直線

(2) 点 $(2,\ 7)$ を通り，傾き3の直線　〔福岡〕

(3) 点 $(0,\ 2)$ を通り，直線 $y=3x$ に平行な直線　〔北海道－改〕

(4) 2点 $(1,\ 1)$，$(3,\ -3)$ を通る直線　〔岡山〕

(5) $y=x+12$ のグラフと x 軸について線対称となる直線　〔徳島〕

4 **次の1次関数のグラフをかきなさい。**（6点×3）〔宮城〕

(1) $y=\frac{1}{2}x+1$

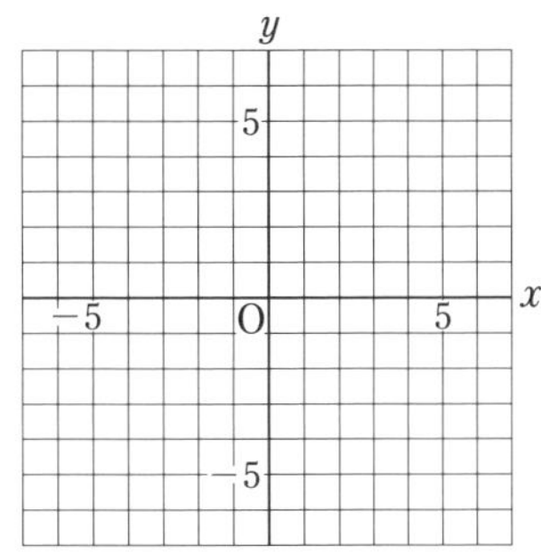

(2) $y=-x+2$

(3) $y=2x-4$ $(0 \leqq x \leqq 4)$

5 **次の問いに答えなさい。**（7点×3）

(1) 1次関数 $y=ax+4$ のグラフが2点 $(2,\ 3)$，$(4,\ b)$ を通るとき，a，b の値をそれぞれ求めなさい。〔石川〕

(2) 直線 $y=x+b$ は2点 A$(2,\ 1)$，B$(-1,\ 4)$ を結んだ線分 AB 上の点を通る。このとき，定数 b のとる値の範囲を求めなさい。〔高知〕

(3) 1次関数 $y=-\frac{3}{2}x+a$ において，x の変域が $-3 \leqq x \leqq 2$ のとき，y の変域は $-2 \leqq y \leqq b$ となる。このとき，a，b の値を求めなさい。

〔お茶の水女子大附高〕

重要 **6** **右の図において，2点A，Bの座標をそれぞれ(8，0)，(0，6)とする。線分AB上(ただし両端A，Bを除く)に1点Pをとり，Pから x 軸に下ろした垂線と x 軸の交点をQ，Pから y 軸に下ろした垂線と y 軸の交点をRとする。**

（7点×2）〔江戸川学園取手高一改〕

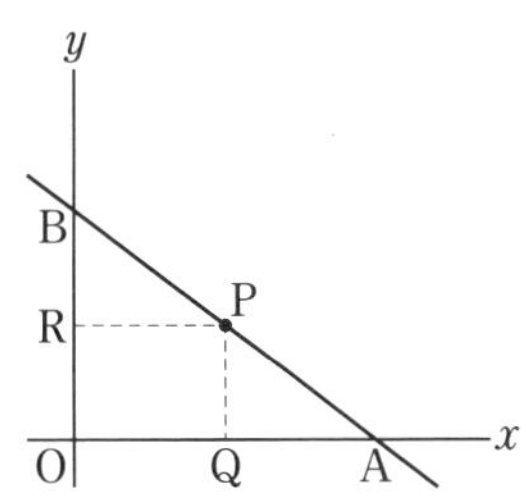

(1) 直線 AB の式を求めなさい。

(2) Q，R を通る直線が直線 AB と平行になるとき，直線 QR の式を求めなさい。

第3日 方程式とグラフ

解答→別冊 6 ページ

1 2元1次方程式のグラフ

例題① 次の方程式のグラフをかきなさい。

(1) $-4x+2y=6$　　　　(2) $2y-4=0$

確認! $ax+by=c$ ($a \neq 0$, $b \neq 0$) のグラフは，$y=-\frac{a}{b}x+\frac{c}{b}$ と変形して，傾きと切片を求めてかく。

$y=k$ のグラフは，点 $(0,\ k)$ を通り，x 軸に平行な直線である。

解法 (1) $-4x+2y=6$ を y について解くと，

$2y=$ ① [　　] $+6$　$y=2x+$ ② [　　]

したがって，傾き ③ [　　]，切片 3 のグラフをかく。

答 右の図

(2) $2y-4=0$ を y について解くと，$y=$ ④ [　　]

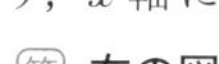

したがって，$(0,$ ⑤ [　　]$)$ を通り，x 軸に平行な直線をかく。

答 右の図

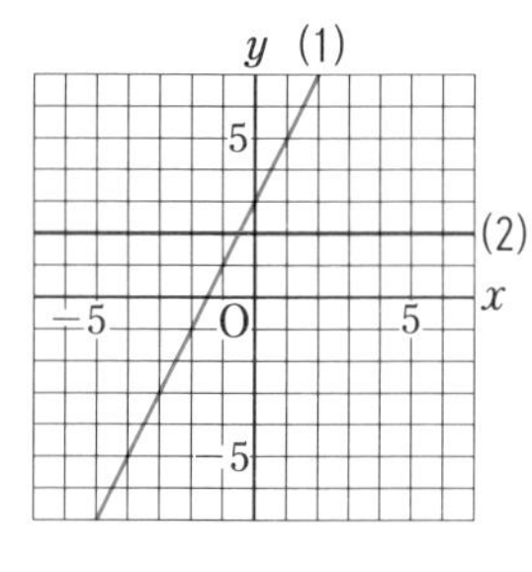

2 連立方程式の解とグラフ

例題② 次の連立方程式の解を，グラフをかいて求めなさい。

$$\begin{cases} x+2y=6 & \cdots\cdots ㋐ \\ 4x-y=6 & \cdots\cdots ㋑ \end{cases}$$

確認! 連立方程式の解は，グラフをかいて，その交点の座標を読みとることで求められる。

解法 ㋐より，$y=$ ① [　　] $x+3$　←$y=ax+b$ の形にする

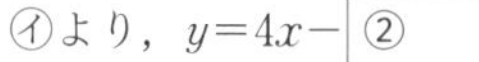

㋑より，$y=4x-$ ② [　　]

㋐と㋑のグラフをかくと，右の図のようになる。

この 2 直線の交点の座標が連立方程式の解である。

答 $x=$ ③ [　　]，$y=$ ④ [　　]

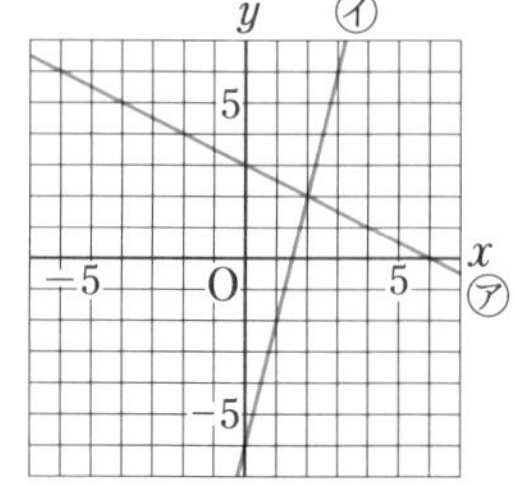

① 2元1次方程式 $ax+by=c$ のグラフをかけるようにする。
② 2直線の交点の座標を，グラフや連立方程式で求められるようにする。
③ 底辺や高さを見つけ，三角形の面積を求められるようにする。

3 2直線の交点と三角形の面積

例題 ③ **右の図で，直線 ℓ は $y=-x+5$，直線 m は $y=2x+2$ のグラフである。直線 ℓ と m の交点をA，x 軸と直線 ℓ，m との交点をそれぞれB，Cとする。**

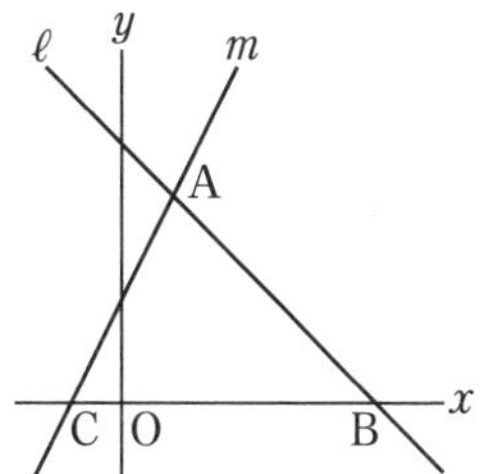

(1) 点Aの座標を求めなさい。
(2) 線分BCの長さを求めなさい。
(3) △ABCの面積を求めなさい。

連立方程式

$$\begin{cases} ax+by=c & \cdots\cdots ㋐ \\ a'x+b'y=c' & \cdots\cdots ㋑ \end{cases}$$

の解 $x=p$，$y=q$ $\Longleftrightarrow$ 2元1次方程式㋐，㋑のグラフの交点の座標 $(p,\ q)$

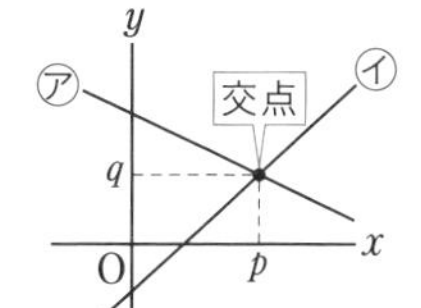

2直線と y 軸または x 軸で囲まれた三角形の面積は，

$\triangle ABC=\frac{1}{2}\times BC\times$(点Aの x 座標)

$\triangle ADE=\frac{1}{2}\times DE\times$(点Aの y 座標)

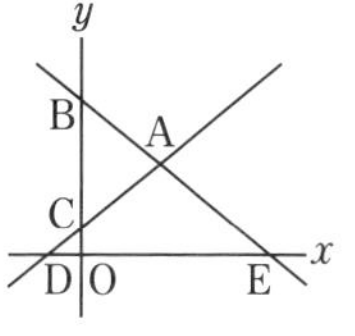

(1) $y=-x+5$ と $y=2x+2$ を連立方程式として解く。

$-x+5=2x+2$ より，$-3x=-3$　$x=$ [①　　]

これを，$y=-x+5$ に代入して，$y=-1+5=$ [②　　]　　答 **(1，4)**

(2) 2つの式にそれぞれ $y=0$ を代入して，2点B，Cの座標を求めると，

B([③　　]，0)，C([④　　]，0)

よって，$BC=5-(-1)=$ [⑤　　] ……答

(3) △ABCを，底辺がBC，高さが点Aの y 座標の三角形と考える。

$\triangle ABC=\frac{1}{2}\times BC\times$(点Aの y 座標)

$=\frac{1}{2}\times$ [⑥　　] $\times$ [⑦　　]

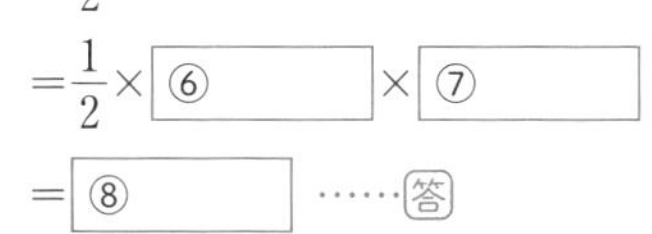

$=$ [⑧　　] ……答

[　月　日]

第3日 入試実戦テスト

時間 35分　合格 80点　得点 ／100

解答→別冊6ページ

1 次の問いに答えなさい。(6点×3)

(1) 点 $(-3,\ 0)$ を通り，y 軸に平行な直線の式を求めなさい。

(2) 方程式 $3x-5y=5$ のグラフは直線である。このグラフの y 軸上の切片を求めなさい。〔栃木〕

(3) 2直線 $y=3x-5$，$y=-2x+5$ の交点の座標を求めなさい。〔愛知〕

2 連立方程式

$$\begin{cases} y=x+6 & \cdots\cdots① \\ x+2y=6 & \cdots\cdots② \end{cases}$$

の解をグラフを利用して求めるとき，①のグラフをかき，連立方程式の解を求めなさい。(6点)

〔青森〕

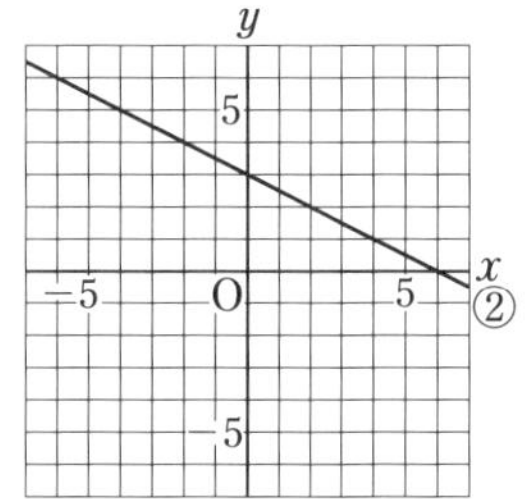

3 右の図のように，2直線 ℓ，m があり，ℓ，m の式はそれぞれ $y=\dfrac{1}{2}x+4$，$y=-\dfrac{1}{2}x+2$ である。ℓ と m との交点をPとするとき，点Pの座標を求めなさい。(6点)〔福島〕

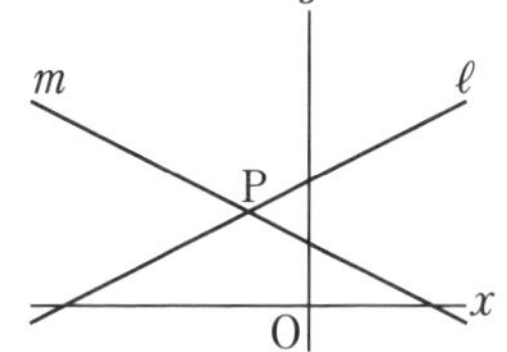

4 右の図のように，2点 $(0,\ 6)$，$(-3,\ 0)$ を通る直線 ℓ と2点 $(0,\ 10)$，$(10,\ 0)$ を通る直線 m がある。このとき，直線 ℓ，m の交点Aの座標を求めなさい。(7点)〔佐賀〕

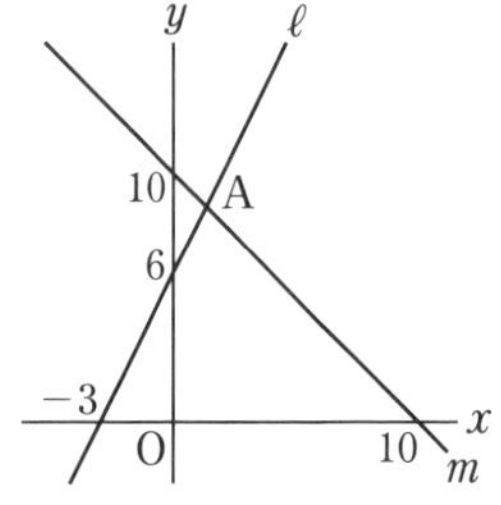

5 **右の図で，四角形OABCは平行四辺形である。点A(4, 3)，C(−2, 6)のとき，次の問いに答えなさい。**（7点×3）〔三重〕

(1) 点Bの座標を求めなさい。

(2) 2点A，Cを通る直線の式を求めなさい。

(3) △OACの面積を求めなさい。

6 **右の図で，Oは原点，四角形ABCDは平行四辺形，Cはx軸上の点である。Eは対角線ACとBDとの交点で，y軸上にある。また，BDはx軸と平行である。**
直線ACの式が$y=ax+3$（aは定数），直線DCの式が$y=-2x+8$であるとき，次の問いに答えなさい。（7点×3）〔愛知一改〕

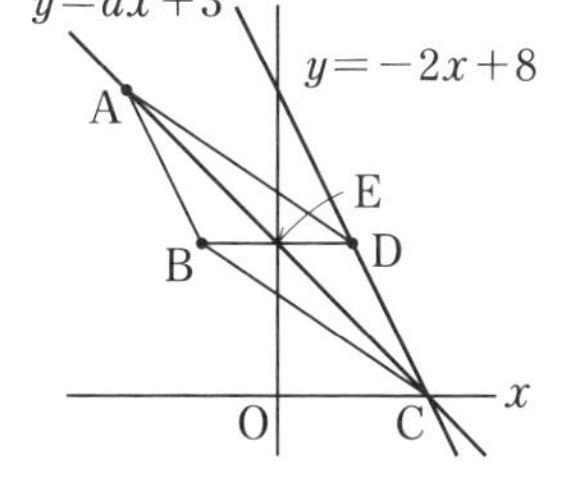

(1) aの値を求めなさい。

(2) Dの座標を求めなさい。

(3) 平行四辺形ABCDの面積は△EOCの面積の何倍か，求めなさい。

重要 **7** **右の図のように，直線$y=-x-2$と直線$y=\frac{1}{2}x+b$がある。この2直線とx軸との交点をそれぞれA，Bとし，Bのx座標が-14のとき，次の問いに答えなさい。**（7点×3）〔沖縄〕

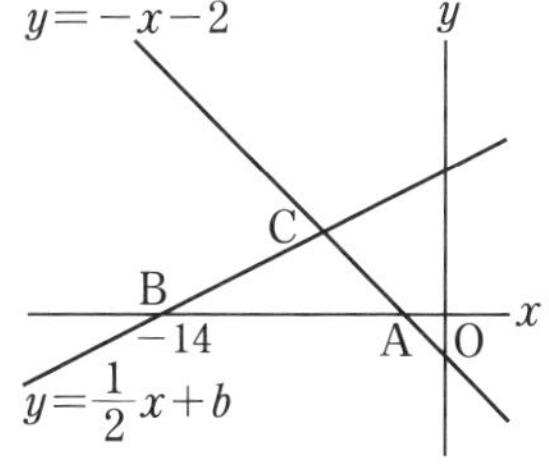

(1) 直線 $y=\frac{1}{2}x+b$ の切片bの値を求めなさい。

(2) 直線 $y=-x-2$ と直線 $y=\frac{1}{2}x+b$ の交点Cの座標を求めなさい。

(3) 点Cを通り，切片が正の数となる直線をℓとする。このとき，直線ℓと直線 $y=-x-2$ とy軸とで囲まれた三角形の面積が，△ABCの面積と等しくなるように，直線ℓの式を求めなさい。

［　月　日］

第4日　1次関数の利用 ①

解答→別冊8ページ

1　1次関数と図形

例題 ① 右の図で，直線ℓは $y=x+3$ のグラフである。直線ℓ上に点Aをとり，Aからx軸に垂線ABをひく。
ABを1辺とする正方形ABCDを図のようにつくり，点Aのx座標をa $(a>0)$ としたとき，B，Dの座標をそれぞれaを用いて表しなさい。

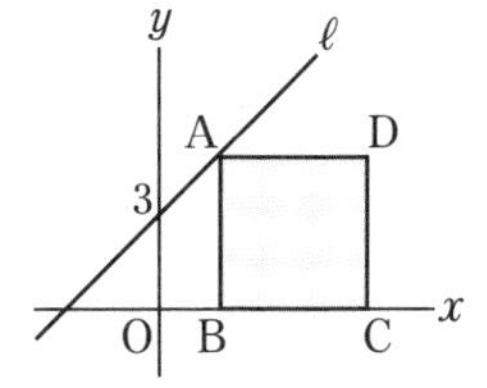

確認！ 直線上の点は，x座標をaとするとy座標はaを使って表せる。
正方形や長方形の頂点を座標を使って表すとき，等しいものに着目して，座標を求める。

解法 点Aは直線ℓ上の点だから，A(a，［①　　　］)と表せる。
点Aと点Bの［②　　　］座標は等しいから，B(a，0)　よって，AB$=a+3$
AB=BC だから，Cのx座標は，$a+(a+3)=2a+3$ ←正方形の性質を使う
Dのx座標は$2a+3$，Dのy座標は［③　　　］のy座標と等しいから，$a+3$

答 **B(a，0)，D($2a+3$，$a+3$)**

2　1次関数と面積の2等分

例題 ② 右の図で，Oは原点，四角形ABCDは正方形で，B，Cはx軸上の点である。
点Aの座標が(2，3)のとき，次の問いに答えなさい。

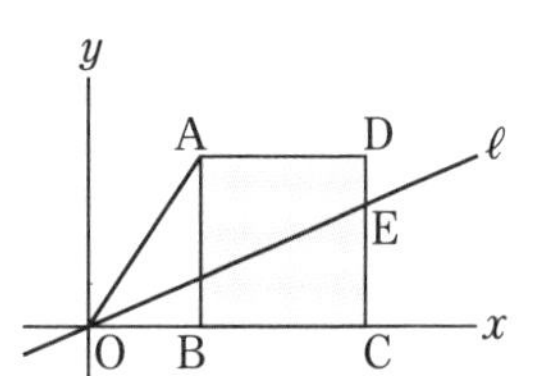

(1) 点Dの座標を求めなさい。
(2) 原点Oを通る直線ℓで台形OADCの面積が2等分されるとき，直線ℓの式を求めなさい。

確認！ 台形OADC$=\dfrac{1}{2}\times$(AD+OC)$\times$AB

原点Oを通る直線が点$(x_1,\ y_1)$を通るとき，傾きは$\dfrac{y_1}{x_1}$となる。

① **1次関数のグラフ**と正方形や長方形などの図形との融合に慣れる。
② **座標平面**で，いろいろな図形の面積を求められるようにする。
③ 動点の問題では，動点がある辺ごとに面積を式で表せるようにする。

(1) 点 A(2, 3) より，B(2, 0)　よって，AB＝AD＝ ①

点 A と点 D の y 座標は等しいから，**D(② , 3)** ……答

(2) 台形 OADC の面積は，$\frac{1}{2}\times(3+$ ③ $)\times3=12$

ℓ が辺 CD と交わる点を E(5, t) とすると，

$\triangle\text{OCE}=\frac{1}{2}\times$ ④ $\times t=\frac{12}{2}$　$t=\frac{12}{5}$

よって，ℓ は (0, 0) と $\left(5, \frac{12}{5}\right)$ を通る直線。　答 $y=$ ⑤ x

3 面積の変化

例題 ③　右の図のように，1 辺が 4 cm の正方形 ABCD がある。いま，点 P が A を出発して，毎秒 1 cm の速さで，この正方形の辺上を B，C，D の順に D まで動く。点 P が A を出発して x 秒後の △APD の面積を y cm² とするとき，点 P が A から D まで動くときの x と y の関係をグラフに表しなさい。

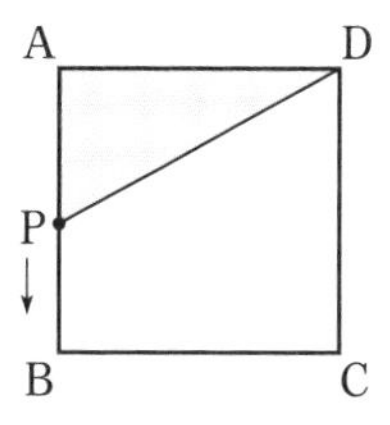

確認！　動点の問題では，動点がどの辺上にあるかで面積を求める式が異なる。x の変域によって，式が変わっていくことに注意する。

△APD で底辺を AD として，点 P の位置によって面積をそれぞれ求める。

㋐ $0\leqq x\leqq4$ のとき，底辺 4 cm，高さ ① cm

だから，$y=\frac{1}{2}\times4\times$ ② $=2x$

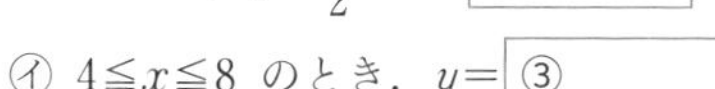

㋑ $4\leqq x\leqq8$ のとき，$y=$ ③

㋒ $8\leqq x\leqq12$ のとき，底辺 4 cm，高さ ④ cm

だから，$y=\frac{1}{2}\times4\times$ ⑤ $=-2x+24$

y
10
㋑
㋐
㋒
O
10
x

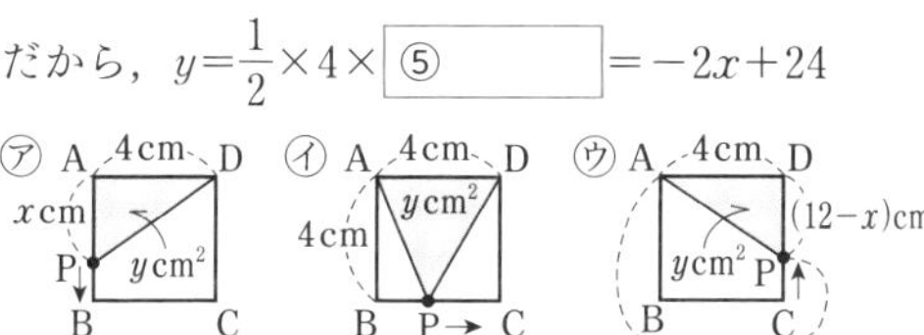

㋐～㋒の式をグラフに表せばよい。

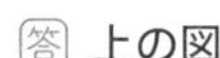

［　月　日］

第4日 入試実戦テスト

時間 35分　合格 80点　得点 ／100

解答→別冊8ページ

1 右の図のように，3点 A(0, 4)，B(−4, 0)，C(4, 0) がある。4点 D，E，F，G がそれぞれ線分 OC，CA，AB，BO 上にあるような正方形 DEFG をつくる。このとき，点 D の x 座標を求めなさい。（10点）〔山口一改〕

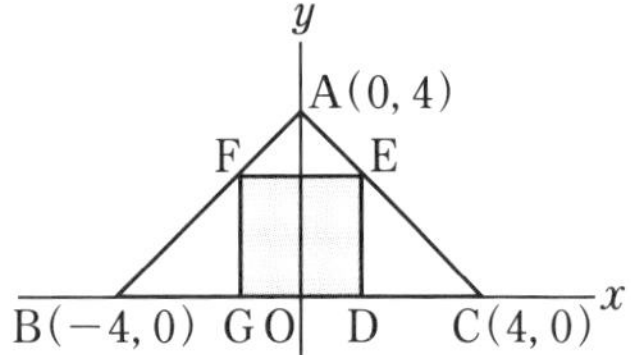

2 右の図のように，直線 $y=\frac{1}{2}x+2$ と直線 $y=-x+5$ が点 A で交わっている。直線 $y=\frac{1}{2}x+2$ 上に x 座標が 10 である点 B をとり，点 B を通り y 軸と平行な直線と直線 $y=-x+5$ との交点を C とする。また，直線 $y=-x+5$ と x 軸との交点を D とする。このとき，次の問いに答えなさい。（10点×2）

〔京都〕

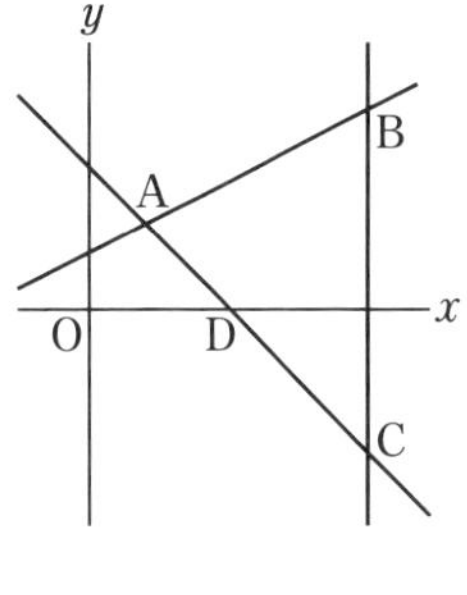

(1) 2点 B，C の間の距離を求めなさい。また，点 A と直線 BC との距離を求めなさい。

(2) 点 D を通り △ACB の面積を2等分する直線の式を求めなさい。

3 図1は，AC＝4 cm，AD＝3 cm，底面 DEF の面積が 9 cm^2 の三角柱である。点 P が毎秒 1 cm の速さで，D から F まで D→A→C→F の順に，辺 DA，AC，CF 上を動く。点 P が D を動きはじめてから x 秒後の三角錐（さんかくすい） PDEF の体積を y cm^3 として，P が D から F まで動いたときの x と y の関係を図2のグラフに表しなさい。（10点）〔石川一改〕

図1

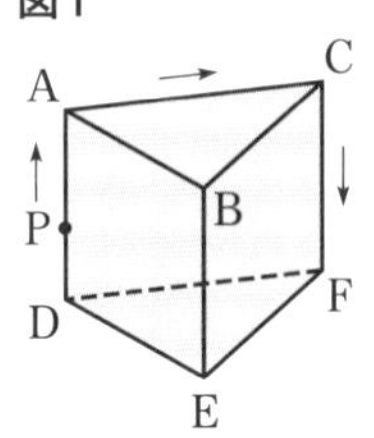

図2

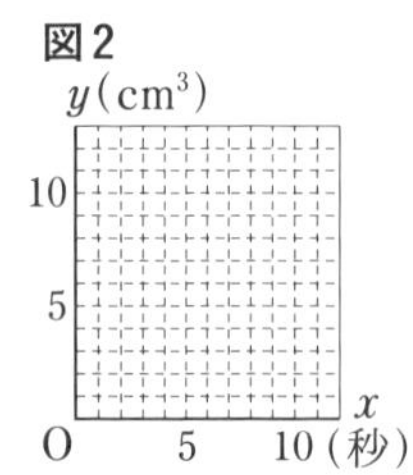

4 右の図の△ABC は，AB＝12 cm，BC＝8 cm，∠B＝90° の直角三角形である。点 P は，△ABC の辺上を，毎秒 1 cm の速さで，A から B を通って C まで動くとする。点 P が A を出発してから x 秒後の △APC の面積を y cm² とするとき，次の問いに答えなさい。（8 点 × 4）〔沖縄〕

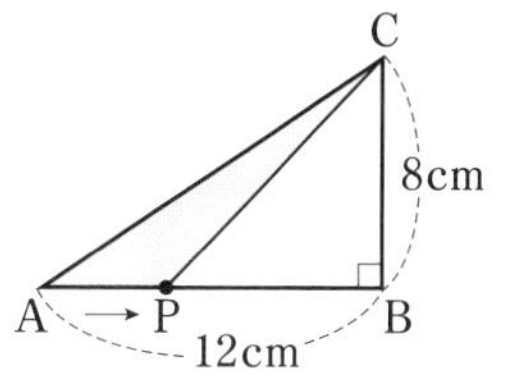

(1) 点 P が A を出発してから 4 秒後の y の値を求めなさい。

(2) 点 P が辺 AB 上を動くとき，y を x の式で表しなさい。

(3) x と y の関係を表すグラフとして最も適するものを，次の**ア**～**エ**のうちから 1 つ選び，記号で答えなさい。

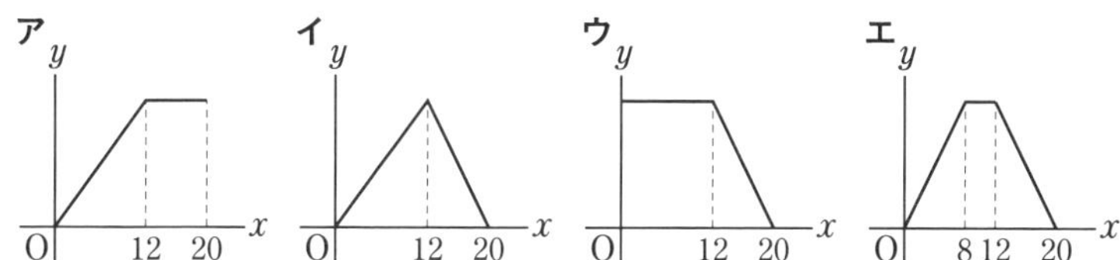

(4) △APC の面積が 36 cm² となるのは，点 P が A を出発してから何秒後と何秒後であるか求めなさい。

重要 **5** 右の図のように，2 直線 ℓ，m があり，ℓ，m の式はそれぞれ $y=3x$，$y=-x+b$ である。ℓ と m との交点を A とする。また，y 軸上に点 P をとり，P を通り x 軸に平行な直線と ℓ，m との交点をそれぞれ Q，R とする。点 A の x 座標が 1 であるとき，次の問いに答えなさい。〔福島〕

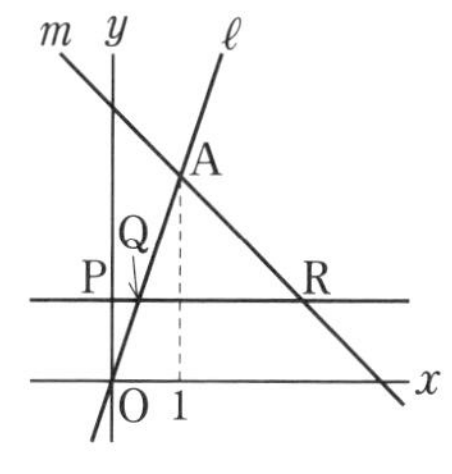

(1) 直線 m の切片 b の値を求めなさい。（8 点）

(2) 点 P の y 座標を k とする。ただし，$k>0$ とする。（10 点 × 2）

① $k=1$ のとき，△AQR の面積を求めなさい。

② △OQP の面積と △AQR の面積が等しくなるときの k の値をすべて求めなさい。

[　月　日]

第5日　1次関数の利用 ②

解答→別冊 11 ページ

1　1次関数と速さ

例題 ① **Tさんは午前8時に家を出発し，一定の速さで歩いて学校に向かった。数分後，母親はTさんの忘れ物に気がついて，同じ道を一定の速さで追いかけた。右のグラフは，Tさんが家を出発してからの時間と，母親との間の道のりの関係を表したものである。このとき，母親が家を出た時刻と，母親の速さを分速で求めなさい。**

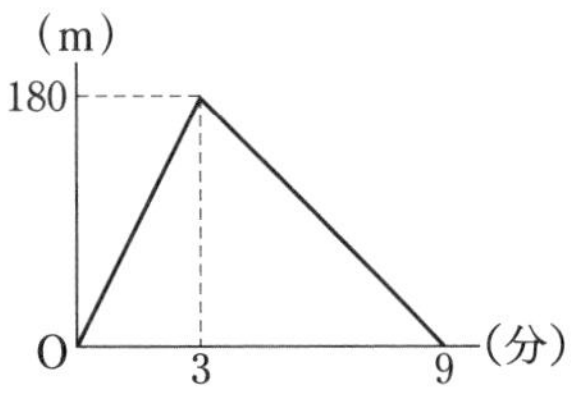

確認! グラフの傾きが変わったところに注目する。傾きが変わった意味を考え，その点の座標から，式を求める。

解法 グラフの傾きが変わったところが母親が家を出たときで，その時刻は午前8時 [①　　] 分である。

Tさんの分速は，3分で180 m進んだから，180÷3＝[②　　](m/min)　←(速さ)＝(道のり)÷(時間)

母親の速さを分速 x mとすると，9−3＝6(分) で追いつくから，

$6x=60\times 9$　$x=$[③　　]

答 **午前8時3分，分速90 m**

例題 ② **家と図書館の間の道のりは4 kmある。兄は家から図書館まで一定の速さで歩いた。妹は兄が家を出発して20分後に図書館を出発し，同じ道を家まで分速 $\frac{1}{10}$ kmで歩いた。右の図は，兄が家を出発してから x 分後の，家から兄までの道のりと家から妹までの道のりを y kmとして，x，y の関係をそれぞれグラフに表したものである。このとき，次の問いに答えなさい。**

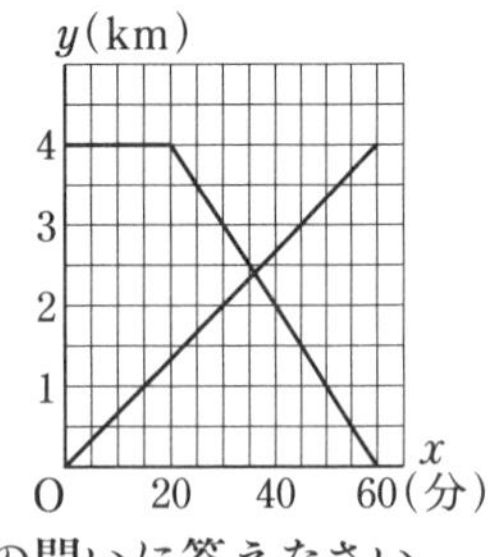

(1) グラフから，兄の歩く速さは分速何 kmか求めなさい。

(2) 家から2人がすれ違った地点までの道のりを求めなさい。

確認! 2つのグラフが交わる点の座標は，2つのグラフの式を連立方程式として解けばよい。

① グラフから時間と道のりの関係を式に表せるようにする。
② 2つのグラフの交点の座標は，連立方程式を使って求める。
③ 折れ線になるグラフを読みとることができるようにする。

(1) 兄は 60 分で 4 km 歩いたから，分速は，$4\div60=$ ①［　　］(km/min)

答 分速 $\frac{1}{15}$ km

(2) 妹は，分速 $\frac{1}{10}$ km で歩いたから，$y=-\frac{1}{10}x+b$ とおける。

グラフから $x=20$ のとき $y=$ ②［　　］ だから，これを代入すると，

$4=-\frac{1}{10}\times20+b$　$b=$ ③［　　］

よって，$y=-\frac{1}{10}x+6$ と $y=\frac{1}{15}x$ を連立方程式として解くと，

$-\frac{1}{10}x+6=\frac{1}{15}x$ より，$x=$ ④［　　］

よって，2人がすれ違った地点までの道のりは，

$\frac{1}{15}\times36=$ ⑤［　　］ (km) ……答

↑(道のり)＝(速さ)×(時間)

2 1次関数と水の深さ

例題 ③ **右の図のように，底から 10 cm の高さまで水が入っている，縦が 30 cm，横が 50 cm，高さが 40 cm の直方体の水そうがある。この水そうに毎分 3 L の割合で，いっぱいになるまで水を入れていく。水を入れ始めてから x 分後の底から水面までの高さを y cm とするとき，x の変域を求めなさい。また，x，y の関係を式に表しなさい。ただし，水そうの厚さは考えないものとする。**

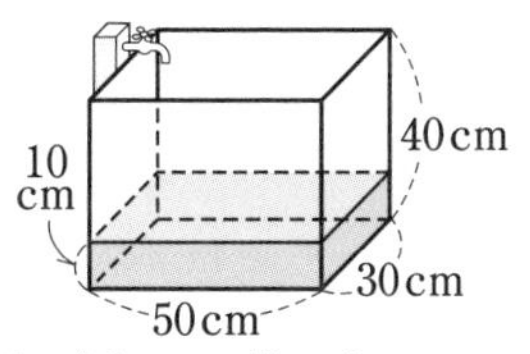

確認！ $y=ax+b$ の式で，a は1分間に上昇する水面の高さを表す。
b ははじめに入っていた水面の高さを表す。

解法 水は1分間に，$3\,\mathrm{L}=3000\mathrm{cm}^3$ 入る。

底面積は，$30\times50=$ ①［　　］ (cm^2) だから，水面は1分間に，

$3000\div1500=$ ②［　　］ cm 上昇する。←(水の深さ)＝(水の体積)÷(底面積)

よって，$y=$ ③［　　］ $x+10$ ……答

x の変域は，$y=40$ のとき，$40=$ ④［　　］ $x+10$ より，$x=$ ⑤［　　］

よって，$0\leqq x\leqq$ ⑥［　　］ ……答

［　月　日］

第5日 入試実戦テスト

時間 35分　合格 80点　得点 ／100

解答→別冊 11 ページ

1 右の図のように，容積が $12\,m^3$ の水そうAと，$15\,m^3$ の水そうBがある。水そうAには水が $2\,m^3$ 入っており，水そうBには水が入っていない。最初に，水そうAの排水管を閉(し)めたまま両方の給水管を同時に開き，4分後に水そうAの排水管を開いて，それぞれの水そうがいっぱいになるまで水を入れた。水そうAと水そうBの給水管からはそれぞれ毎分 $1.5\,m^3$ の割合で給水され，水そうAの排水管からは毎分 $1\,m^3$ の割合で排水される。（12点×2）〔愛知〕

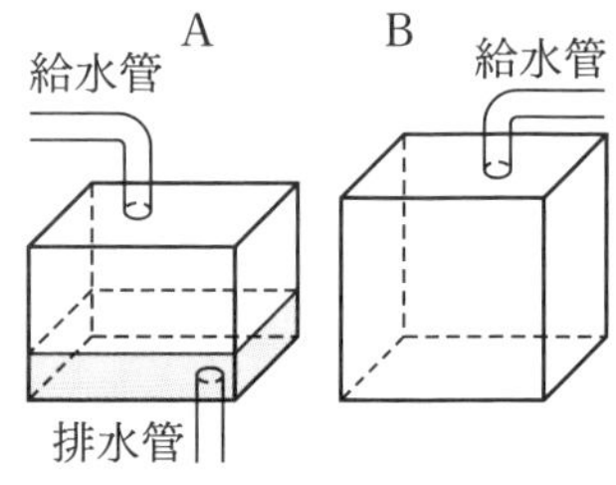

(1) 給水を始めてから x 分後の水そうAの水の量を $y\,m^3$ とする。給水を始めてから水そうAがいっぱいになるまでの x，y の関係をグラフに表しなさい。

(2) 2つの水そうの水の量が等しくなるのは給水を始めてから何分後か，求めなさい。

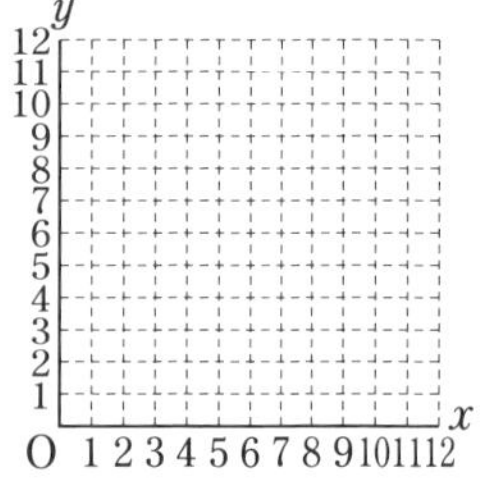

重要 **2** 一郎さんは，家から12 km離れたA地点へ自転車で向かった。途中，家から4 km 離れた所に公園があり，一郎さんはそこで10分間休憩(きゅうけい)した。その後，時速16 kmの速さでA地点へ向かった。一郎さんが家を出発してから x 分後に，家から y km 進んでいるとする。下のグラフは，x と y の関係を途中まで表したものである。（12点×2）〔富山一改〕

(1) 一郎さんが休憩した後，公園からA地点まで進んだようすを表すグラフを，右の図にかき入れなさい。

(2) 一郎さんが忘れ物をしたことに気づいた姉は，一郎さんが出発してから10分後に家から自動車であとを追った。自動車の速さを時速36 kmとするとき，姉が一郎さんに追いつくのは，一郎さんが家を出発してから何分後か，グラフを使って求めなさい。

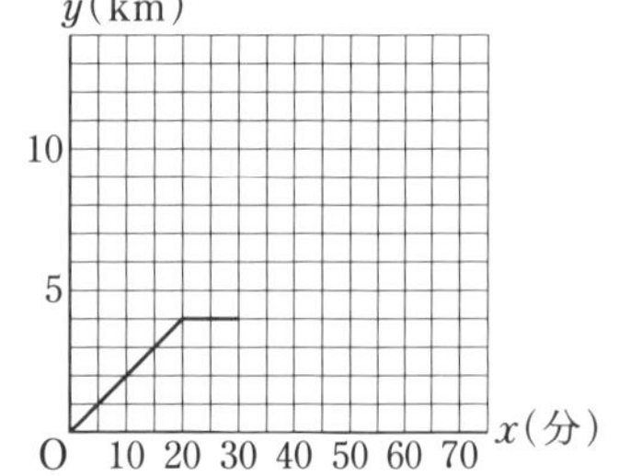

3 **Aさんと B さんは，公園内にある P 地点と Q 地点を結ぶ 1 km のコースを走った。下の図は，A さんと B さんがそれぞれ 9 時 x 分に P 地点から y km 離れているとして，グラフに表したものである。**

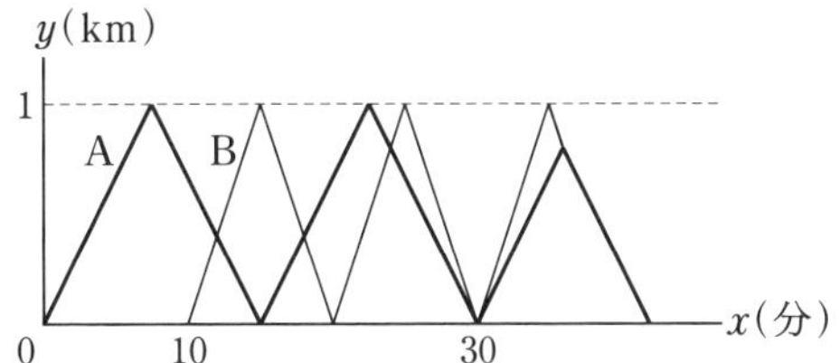

・9 時から 9 時 30 分まで

A さんは 9 時に P 地点を出発し，一定の速さで走った。そして P 地点と Q 地点の間を 2 往復し，9 時 30 分に P 地点に戻った。

B さんは 9 時 10 分に P 地点を出発し，A さんより速い一定の速さで走った。そして P 地点と Q 地点の間を 2 往復し，9 時 30 分に A さんと同時に P 地点に戻った。

・9 時 30 分より後

9 時 30 分に 2 人は同時に，それぞれそれまでと同じ速さで P 地点を出発した。

B さんは Q 地点で折り返して，A さんと出会ってからは A さんと同じ速さで走って P 地点に戻った。

A さんは B さんと出会うと，そこから引き返し，それまでと同じ速さで B さんと一緒に走って同時に P 地点に戻った。そこで，2 人は走り終えた。

このとき，次の問いに答えなさい。〔国立高専一改〕

(1) A さんが初めて Q 地点で折り返してから P 地点に戻るまでの x と y の関係と，B さんが 9 時 10 分に P 地点を出発してから Q 地点で折り返すまでの x と y の関係を，それぞれ式で表しなさい。(10 点 × 2)

(記述) (2) A さんが 9 時に P 地点を出発した後，初めて 2 人が出会うのは，P 地点から何 km 離れている地点か，求めなさい。また，求め方も書きなさい。(10 点)

(3) 2 人が最後に P 地点に戻ったのは 9 時何分か，求めなさい。(11 点)

(4) A さんが合計で走った距離は何 km か，求めなさい。(11 点)

第6日 関数 $y=ax^2$ とグラフ

解答→別冊13ページ

1 関数 $y=ax^2$

例題 ① 縦 x cm，横 $2x$ cm の長方形の面積を y cm^2 とするとき，y が x の2乗に比例しているかどうか答えなさい。

確認! y が x の関数で，その関係が $y=ax^2$ $(a \neq 0)$ で表されるとき，y は x の2乗に比例するという。このとき，a を比例定数という。

解法 (長方形の面積)＝(縦)×(横) だから，式は $y=x \times 2x=$ ①______

よって，**y は x の2乗に比例する。**……答

例題 ② y は x の2乗に比例する関数で，そのグラフは点 (2, 16) を通る。このとき，この関数の式を求めなさい。

確認! y は x の2乗に比例する関数 ⇨ $y=ax^2$ (a は比例定数)

$y=ax^2$ のグラフが点 $(p,\ q)$ を通る。⇨ $x=p$，$y=q$ を代入して，

$q=ap^2$ から，比例定数 a を求める。

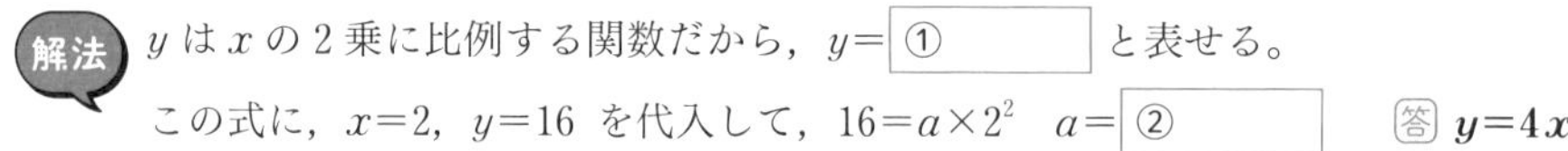

解法 y は x の2乗に比例する関数だから，$y=$ ①______ と表せる。

この式に，$x=2$，$y=16$ を代入して，$16=a \times 2^2$　$a=$ ②______　答 $y=4x^2$

2 関数 $y=ax^2$ のグラフ

例題 ③ 次の関数のグラフをかきなさい。

(1) $y=\frac{1}{2}x^2$　　(2) $y=-\frac{1}{2}x^2$

確認! $y=ax^2$ のグラフは，原点を頂点とする放物線で，y 軸について対称。

$a>0$ のとき，上に開く。　$a<0$ のとき，下に開く。

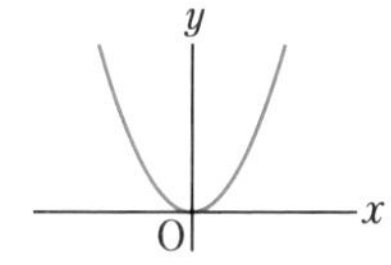

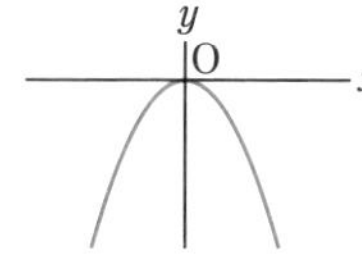

a の絶対値が大きいほど，グラフの開き方は小さい。

① $y=ax^2$（a は定数）の式で表されるとき，**y は x の 2 乗に比例する**という。
② $y=ax^2$ のグラフの特徴を理解し，かけるようにする。
③ 三角形の面積は，底辺と高さを求めやすい三角形に分けて解く。

関数 $y=ax^2$ のグラフは，

① [　　] について対称で，

$a>0$ のとき，② [　　] に開き，

$a<0$ のとき，③ [　　] に開く。

また，a の絶対値が等しく，符号が反対の 2 つのグラフは，④ [　　] について対称になる。

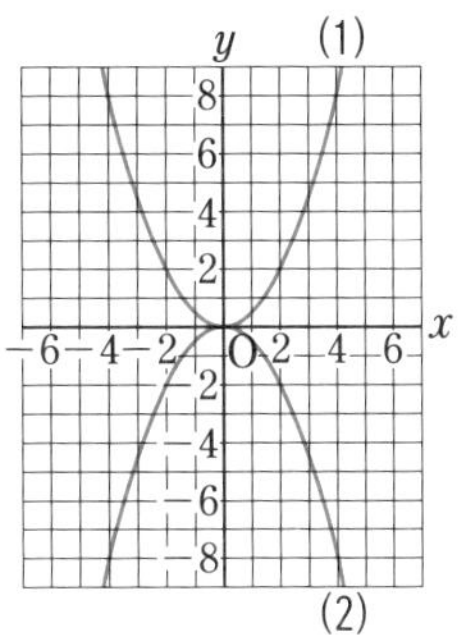

x と y の対応する表をつくると，下のようになる。

x	−4	−2	0	2	4
(1) y	8	⑤	0	⑥	8
(2) y	⑦	−2	0	−2	⑧

グラフはこれらの点をなめらかな曲線で結ぶ。　　答 上の図

3 三角形の面積

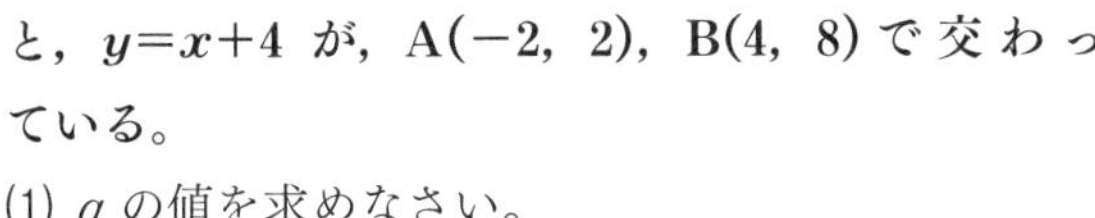

右の図のように，関数 $y=ax^2$ のグラフと，$y=x+4$ が，A(−2, 2)，B(4, 8) で交わっている。

(1) a の値を求めなさい。

(2) △AOB の面積を求めなさい。

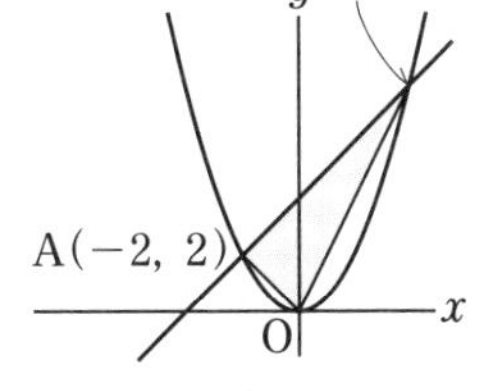

放物線と直線の 2 つの交点を A，B，原点を O とするとき，△AOB の面積は，y 軸で 2 つの三角形に分けて求める。

(1) $y=ax^2$ に $x=-2$，$y=2$ を代入して，←交点は $y=ax^2$ のグラフ上の点である

$2=a\times(-2)^2$　$a=$ ① [　　] ……答

(2) 直線 AB と y 軸との交点を C とすると，C(0, ② [　　])

CO を底辺とする 2 つの三角形に分けて，

△AOB＝△AOC＋△BOC ←底辺と高さを求めやすい三角形に分ける

$=\frac{1}{2}\times4\times2+\frac{1}{2}\times4\times4=$ ③ [　　] ……答

第6日

第6日 入試実戦テスト

時間 30分　合格 80点　得点 ／100

解答→別冊13ページ

1 次の問いに答えなさい。(6点×6)

(1) 次の4点A，B，C，Dの中で，関数 $y=-\frac{1}{2}x^2$ のグラフ上にある点をすべて選び，記号で答えなさい。〔佐賀〕

$A(4,\ -8)$，$B\left(-1,\ \frac{1}{2}\right)$，$C(2,\ -1)$，$D\left(-\frac{1}{2},\ -\frac{1}{8}\right)$

(2) y は，x の2乗に比例し，$x=-2$ のとき $y=12$ である。このとき，y を x の式で表しなさい。〔新潟〕

(3) 右の図の①～③の放物線は，下の**ア～ウ**の関数のグラフである。①～③は，それぞれどの関数のグラフですか。**ア～ウ**の中から選び，その記号を答えなさい。

〔広島〕

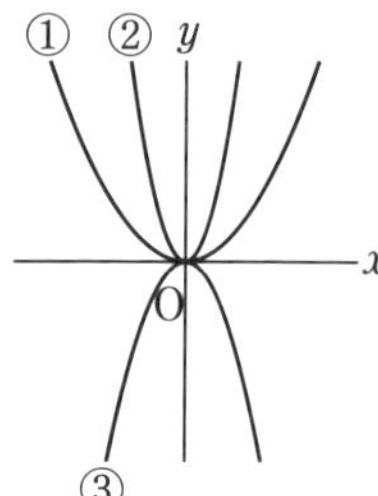

ア $y=2x^2$

イ $y=\frac{1}{3}x^2$

ウ $y=-x^2$

(4) 右の図のように，関数 $y=2x^2$ のグラフ上に，x 座標が正である点Pをとり，Pから x 軸に垂線をひき，x 軸との交点をQとする。線分OQと線分PQの長さの和が6のとき，点Pの x 座標を求めなさい。〔山形〕

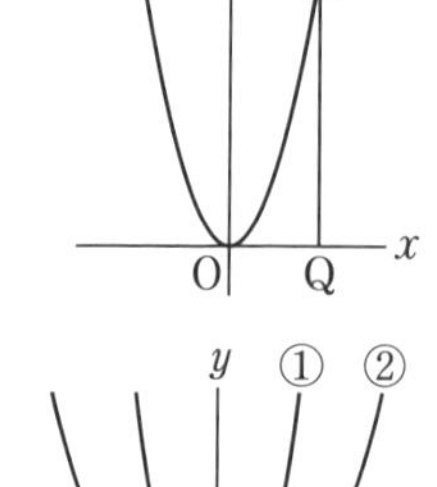

2 **右の図で，①は関数 $y=x^2$，②は関数 $y=ax^2$ のグラフであり，直線 ℓ は x 軸に平行である。点Aは①と直線 ℓ との交点で x 座標が2，点Bは②と直線 ℓ との交点で x 座標が4である。このとき，a の値を求めなさい。**(6点)〔秋田〕

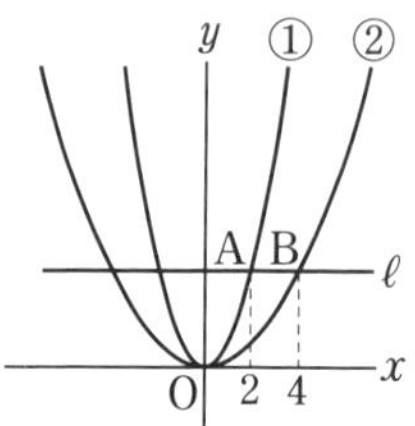

3 右の図のように，関数 $y=ax^2$ のグラフ上に4点A，B，C，Dがある。点Aの座標は(2，2)で，点Bの x 座標は4，ADとBCは x 軸に平行である。

(7点×3)〔兵庫一改〕

(1) 点Cの座標を求めなさい。

(2) 線分BDの長さを求めなさい。

(3) 四角形OBCDの面積を求めなさい。

4 右の図のように，2点O(0，0)，A(1，3)を通る放物線 $y=ax^2$ と，3点O，B(−2，b)，C(4，−8)を通る放物線 $y=cx^2$ がある。このとき，次の問いに答えなさい。(7点×3)〔沖縄〕

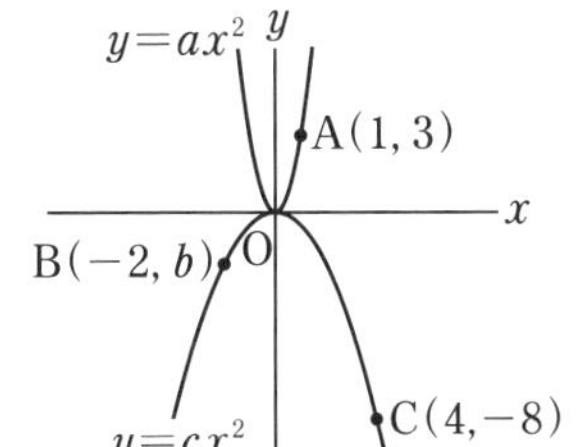

(1) a の値を求めなさい。

(2) b の値を求めなさい。

(3) 2点A，Bの間の距離を求めなさい。

重要 **5** 右の図において，①は関数 $y=ax^2$ のグラフである。2点A，Bは①上の点であり，点Aの座標は(−2，2)，点Bの座標は$\left(3,\ \dfrac{9}{2}\right)$である。また，①上において，点Cは x 座標が点Aの x 座標より1だけ大きい点であり，点Dは x 座標が点Bの x 座標より1だけ小さい点である。〔山梨一改〕

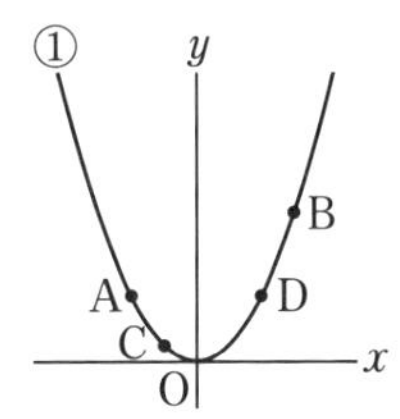

(1) a の値を求めなさい。(6点)

記述 (2) 4点A，C，D，Bを頂点とする四角形ACDBの面積を求めなさい。また，求め方も書きなさい。(10点)

[　月　日]

第7日 関数 $y=ax^2$ の変化の割合と変域

解答→別冊15ページ

1 関数 $y=ax^2$ の変化の割合

例題 ① 関数 $y=3x^2$ について，x の値が1から3まで増加するときの変化の割合を求めなさい。

確認! $(\text{変化の割合})=\dfrac{(y\text{の増加量})}{(x\text{の増加量})}$

関数 $y=ax^2$ では，変化の割合は一定でない。

解法 $x=1$ のとき $y=$ ①[　　]

$x=3$ のとき $y=$ ②[　　]　← x に対応する y の値を求める

よって，$(\text{変化の割合})=\dfrac{27-3}{3-1}=$ ③[　　] ……答

例題 ② 関数 $y=ax^2$ について，x の値が2から4まで増加するときの変化の割合が -2 であった。このとき，a の値を求めなさい。

確認! $y=ax^2$ について，x の値が p から q まで増加するとき，右の対応表から，$(\text{変化の割合})=\dfrac{aq^2-ap^2}{q-p}$

x	p	q
y	ap^2	aq^2

解法 関数 $y=ax^2$ について対応表をつくると，右のようになる。

x	2	4
y	$4a$	①

このとき，変化の割合が ②[　　] だから，

$(\text{変化の割合})=\dfrac{③[\quad]-4a}{4-2}=-2$

$\dfrac{12a}{2}=-2$　$6a=$ ④[　　]

よって，$a=$ ⑤[　　] ……答

別解 $(\text{変化の割合})=\dfrac{aq^2-ap^2}{q-p}=\dfrac{a(q+p)(q-p)}{q-p}=a(p+q)$ だから，

$a(p+q)=a\times(2+$ ⑥[　　]$)=-2$　$6a=-2$

よって，$a=$ ⑦[　　] ……答

① 関数 $y=ax^2$ の**変化の割合**（y の増加量 ÷ x の増加量）は，一定ではない。
② 関数 $y=ax^2$ の**変域**は，グラフと対応表をかいて求める。
③ y の変域は，x の変域に 0 を含(ふく)むか含まないかで異なるので注意する。

2 関数 $y=ax^2$ の変域

例題 ③　関数 $y=\frac{1}{4}x^2$ について，x の変域が $-2 \leqq x \leqq 3$ のとき，y の変域を求めなさい。

確認！　関数 $y=ax^2$ の変域は，グラフをかくとわかりやすい。
x の変域に 0 が含まれる場合，
$a>0$ のとき，y の最小値は 0　$a<0$ のとき，y の最大値は 0

解法　$x=-2$ のとき $y=$ ①
$x=0$ のとき $y=$ ②
$x=3$ のとき $y=$ ③
← 両端の点と原点を調べる

よって，グラフをかくと右のようになり，
y の変域は，④ $\leqq y \leqq \frac{9}{4}$ ……答

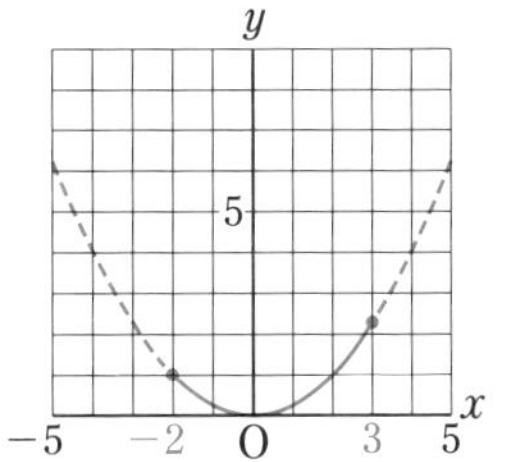

例題 ④　2つの関数 $y=-3x^2$ と $y=mx+n$（m，n は定数，$m<0$）は，x の変域が $-1 \leqq x \leqq 2$ のとき，y の変域が同じになる。このとき，m，n の値を求めなさい。

確認！　関数 $y=ax^2$ と 1 次関数 $y=mx+n$ の変域に関する問題は，グラフや対応表などをかいて求める。

解法　$y=-3x^2$ について，$-1 \leqq x \leqq 2$ のとき，

x	-1	0	2
y	-3	0	①

よって，y の変域は，② $\leqq y \leqq 0$
$y=mx+n$ で，$x=-1$ のとき $y=$ ③，
$x=2$ のとき $y=-12$ だから，
$m=-4$，$n=$ ④ ……答

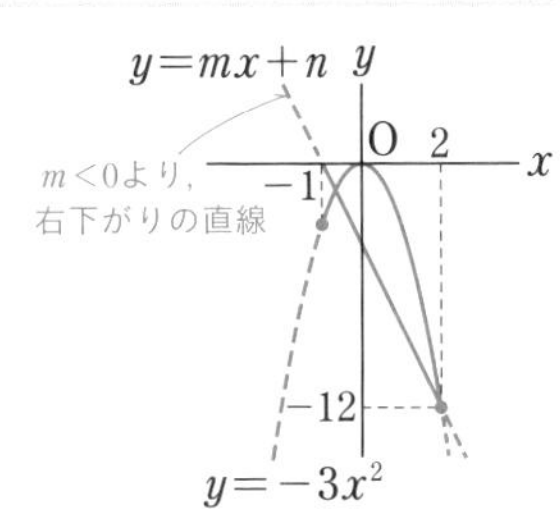

［　月　日］

入試実戦テスト

時間 35 分　合格 80 点　得点 ／100

解答→別冊 15 ページ

1 次の問いに答えなさい。(6 点 × 5)

(1) 関数 $y=x^2$ について，x の変域が $-2\leqq x\leqq 1$ のときの y の変域を求めなさい。〔宮崎〕

(2) 関数 $y=-x^2$ について，x の変域が $-2\leqq x\leqq 3$ のとき，y の変域は $a\leqq y\leqq b$ である。このときの a，b の値を求めなさい。〔高知〕

(3) 関数 $y=-\frac{1}{2}x^2$ で，x の変域が $c\leqq x\leqq 2$ とき，y の変域は $-8\leqq y\leqq d$ である。このとき，c，d の値を求めなさい。〔秋田〕

(4) 関数 $y=2x^2$ について，次の問いに答えなさい。〔福島〕

① $x=1$ のときの y の値を求めなさい。

② x の変域が $k\leqq x\leqq 1$ のとき，y の変域は $0\leqq y\leqq 18$ となる。k の値を求めなさい。

2 次の問いに答えなさい。(6 点 × 3)

(1) 関数 $y=-\frac{4}{9}x^2$ について，x の値が 3 から 6 まで増加するときの変化の割合を求めなさい。〔青森〕

(2) 関数 $y=ax^2$ について，x の値が 1 から 4 まで増加するときの変化の割合は 4 である。a の値を求めなさい。〔熊本〕

(3) 関数 $y=ax^2$ と $y=6x+5$ について，x の値が 2 から 5 まで増加するときの変化の割合が同じであるとき，a の値を求めなさい。〔愛知一改〕

3 右の図のように，関数 $y=\frac{1}{2}x^2$ のグラフ上に3点A，B，Cがあり，それぞれの x 座標は -2，4，6である。このとき，点Aを通る傾き a の直線を ℓ とする。直線 ℓ と関数 $y=\frac{1}{2}x^2$ のグラフの点BからCの部分 $(4 \leqq x \leqq 6)$ とが交わるとき，a の値の範囲を求めなさい。（7点）〔富山一改〕

4 右の図において，m は $y=ax^2$ のグラフを表し，a は定数である。A，Bは m 上の点であり，その x 座標はそれぞれ -1，5である。ℓ は2点A，Bを通る直線を表し，Cは ℓ と y 軸との交点である。関数 $y=ax^2$ について，x の値が -1 から5まで増加するときの変化の割合が1である。（9点×2）〔大阪〕

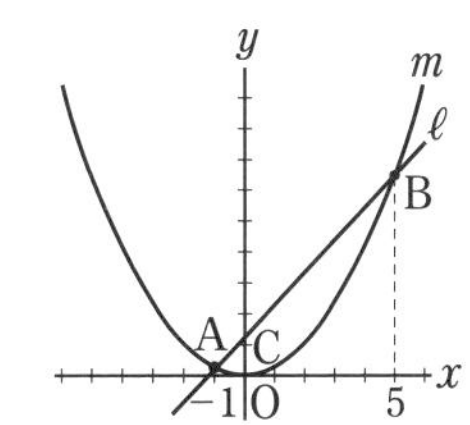

(1) a の値を求めなさい。

(2) Cの y 座標を求めなさい。

重要 **5** 右の図のように，2つの関数 $y=ax^2$（a は正の定数）……①，$y=-\frac{1}{4}x^2$ ……② のグラフがある。①のグラフ上に点Aがあり，点Aの x 座標は正の数とする。点Aを通り，x 軸に平行な直線と①のグラフとの交点をBとし，点Aを通り，y 軸に平行な直線と②のグラフとの交点をCとする。点Oは原点とする。（9点×3）〔北海道〕

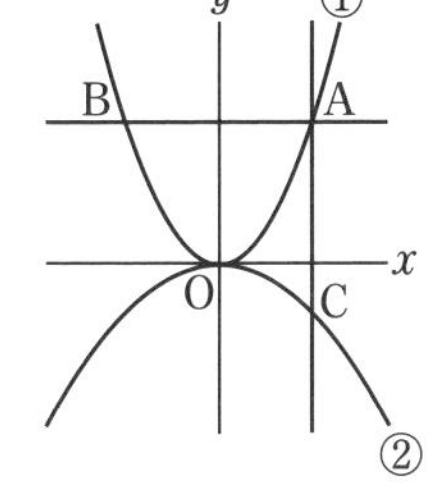

(1) ①のグラフと②のグラフが，x 軸について対称であるとき，a の値を求めなさい。

(2) ①について x の値が1から4まで増加するときの変化の割合が，②について x の値が -4 から -2 まで増加するときの変化の割合に等しいとき，a の値を求めなさい。

(3) $a=1$ で，点Aの x 座標を t とする。△ABCが直角二等辺三角形となるとき，t の値を求めなさい。

[　月　日]

第8日 放物線と直線，双曲線

解答→別冊 17 ページ

1 放物線と直線

例題 ① 右の図のように，関数 $y=\frac{1}{2}x^2$ と $y=-x+4$ のグラフが，2 点 A，B で交わっている。2 点 A，B の座標を求めなさい。

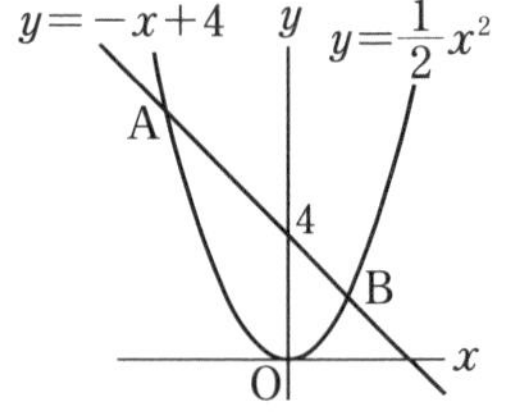

確認! 放物線と直線の交点の x 座標は，2 つの式を連立方程式として解く。

連立方程式 $\begin{cases} y=ax^2 \\ y=mx+n \end{cases}$ → $ax^2=mx+n$

解法 $y=\frac{1}{2}x^2$ と $y=-x+4$ を連立方程式として解く。

$\frac{1}{2}x^2=-x+4$ より，x^2+2x- ① $=0$

交点の x 座標は，2 次方程式の解である。

$(x+4)(x-2)=0$　$x=-4$，$x=$ ②

$y=\frac{1}{2}x^2$ に $x=-4$，$x=$ ③ を代入して，

A$(-4,\ 8)$，B$(2,$ ④ $)$ ……答

例題 ② 右の図のように，放物線 m が，直線 $y=-x+\frac{3}{2}$ と点 A で交わり，直線 ℓ と点 B，C で交わっている。点 A，B，C の x 座標は，1，-2，4 である。

(1) 放物線 m の式を求めなさい。

(2) 直線 ℓ の式を求めなさい。

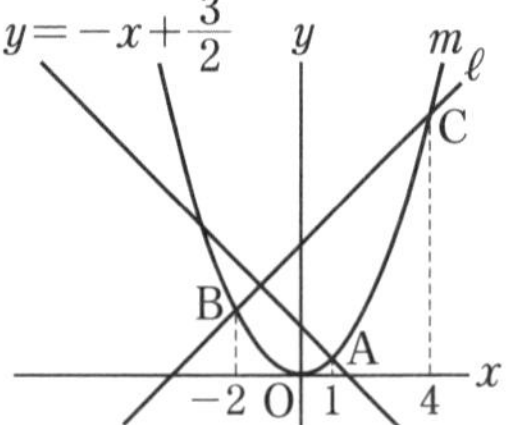

確認! 関数 $y=ax^2$ は原点以外の 1 点の座標が，1 次関数は 2 点の座標がわかれば，式が求められる。

① $y=ax^2$ と $y=mx+n$ の交点の座標は連立方程式として解く。
② **変化の割合**や直線の**傾き**について，意味や求め方を復習しておく。
③ 放物線や双曲線など，関数のグラフの特徴を復習しておく。

(1) $y=-x+\frac{3}{2}$ に $x=1$ を代入すると，$A\left(1,\ \frac{1}{2}\right)$

放物線 m の式を $y=ax^2$ とし，$x=1$，$y=\frac{1}{2}$ を代入して，

$\frac{1}{2}=a\times1^2$　$a=$ ①［　　］　　　答 $y=\frac{1}{2}x^2$

(2) 点B，Cは，放物線 m 上の点だから，

$y=$ ②［　　］x^2 に $x=-2$，$x=4$ を代入すると，B$(-2,\ 2)$，C$(4,\ 8)$

直線 ℓ の傾きは，$\frac{8-2}{4-(-2)}=$ ③［　　］　←(傾き)＝$\frac{(y\text{ の増加量})}{(x\text{ の増加量})}$

直線 ℓ の式を $y=x+b$ とし，$x=-2$，$y=2$ を代入して，

$2=-2+b$　$b=$ ④［　　］　　　答 $y=x+4$

2 放物線と双曲線

例題 ③ 右の図のように，点Aは関数 $y=-\frac{2}{x}$ と関数 $y=ax^2$ のグラフの交点である。点Bは点Aを y 軸を対称の軸として対称移動させたものであり，x 座標は1である。a の値を求めなさい。

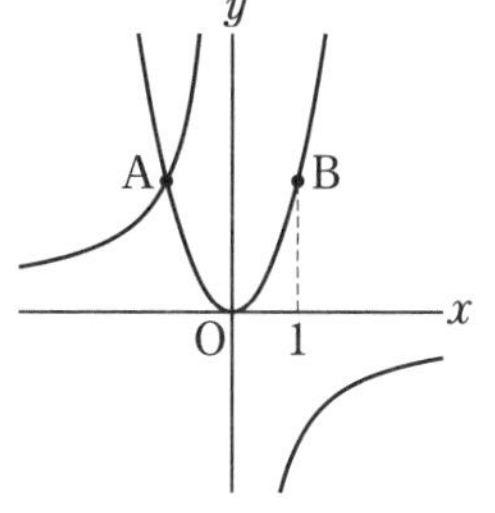

グラフの特徴を利用して問題を解く。

$y=ax^2$ のグラフ ⇒ 原点を頂点とする放物線で y 軸について対称

$y=\frac{a}{x}$ のグラフ ⇒ 原点について点対称な双曲線

解法

点Bは，点Aを y 軸を対称の軸として対称移動させた点だから，

点Aと点Bの x 座標の絶対値が等しく，y 座標は等しい。

よって，点Bの x 座標が1だから，点Aの x 座標は ①［　　］

$y=-\frac{2}{x}$ に $x=-1$ を代入して，$y=$ ②［　　］

$y=ax^2$ は点Aを通るから，$x=$ ③［　　］，$y=$ ④［　　］ を代入して，

⑤［　　］$=a\times$ ⑥［　　］^{2}　　$a=$ ⑦［　　］ ……答

[　　月　　日]

第8日 入試実戦テスト

時間 35分　合格 80点　得点 ／100

解答→別冊 17 ページ

1 放物線 $y=ax^2$ は，直線 $y=2x+b$ と点 $\mathrm{A}\left(1, \dfrac{1}{2}\right)$，点Bで交わり，直線 $y=cx+3$ と2点B，Cで交わる。このとき，a，b，c の値を求めなさい。

(10点)〔愛光高一改〕

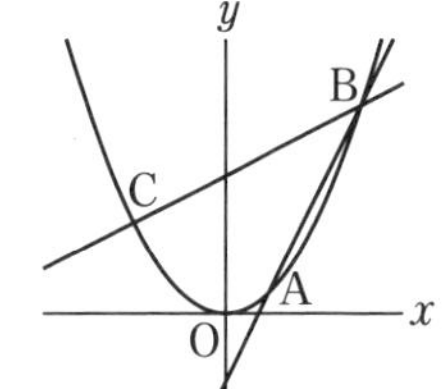

2 右の図のように，関数 $y=\dfrac{1}{4}x^2$ のグラフ上に3点A，B，Cがあり，関数 $y=ax^2$ のグラフ上に点Dがある。A，B，Dの x 座標はそれぞれ2，4，4で，AとCの y 座標は等しくなっている。ただし，$a>\dfrac{1}{4}$ とする。(9点×2)〔岩手〕

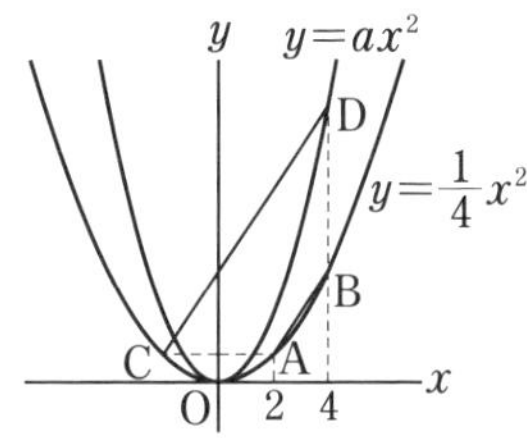

(1) 点Bの y 座標を求めなさい。

(2) AB∥CD のとき，関数 $y=ax^2$ の a の値を求めなさい。

重要 **3** 右の図において，曲線①は関数 $y=\dfrac{1}{2}x^2$ のグラフで，曲線②は関数 $y=ax^2$ $\left(a>\dfrac{1}{2}\right)$ のグラフである。曲線①上に x 座標が -2，3である2点A，Bをとり，この2点を通る直線 ℓ をひく。直線 ℓ と曲線②との交点のうち x 座標が負である点をC，正である点をDとし，直線 ℓ と y 軸との交点をEとする。AC：CE＝1：3 のとき，次の問いに答えなさい。(9点×2)〔埼玉一改〕

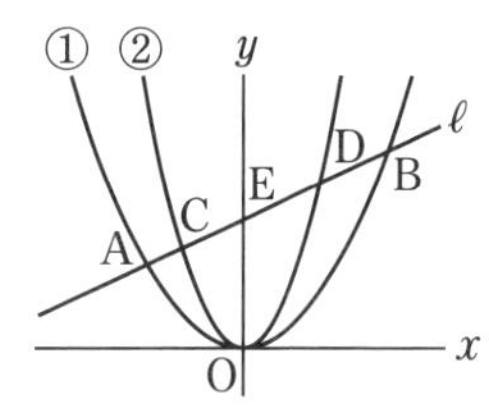

(1) 直線 ℓ の式を求めなさい。

記述 (2) a の値を求めなさい。また，求め方も書きなさい。

4 右の図のように，関数 $y=\dfrac{8}{x}$ のグラフ上に2点A，Bがあり，点Aの x 座標は4，線分ABの中点は原点Oである。また，点Aを通る関数 $y=ax^2$ のグラフ上に x 座標が -6 である点Cがある。（9点×3）〔兵庫一改〕

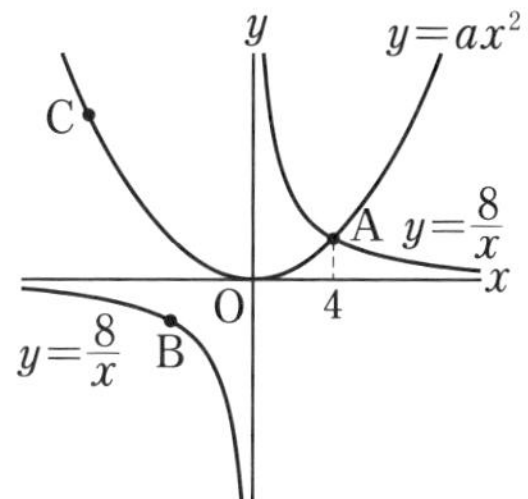

(1) 点Bの座標を求めなさい。

(2) a の値を求めなさい。

(3) 2点A，Cを通る直線の式を求めなさい。

重要 **5** 図1のように，$y=\dfrac{1}{2}x^2$ ……①，

$y=-\dfrac{12}{x}$ $(x>0)$ ……②のグラフがある。

①のグラフ上に2点A，Bがあり，それぞれの座標は$(-2,\ 2)$，$(2,\ 2)$である。また，②のグラフ上に点Pがあり，Pを通り x 軸に平行な直線と y 軸との交点をQとし，四角形ABPQをつくる。（9点×3）〔和歌山〕

図1

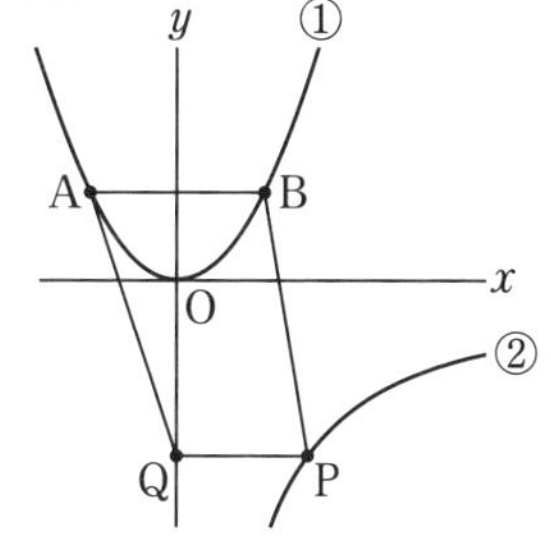

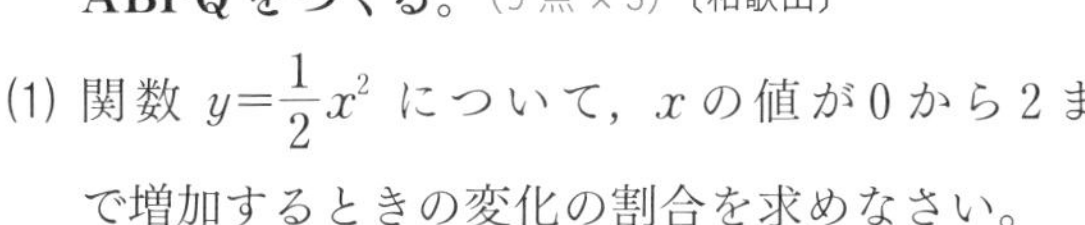

(1) 関数 $y=\dfrac{1}{2}x^2$ について，x の値が0から2まで増加するときの変化の割合を求めなさい。

図2

(2) **図2**のように，四角形ABPQが平行四辺形になるとき，直線AQの式を求めなさい。

図3

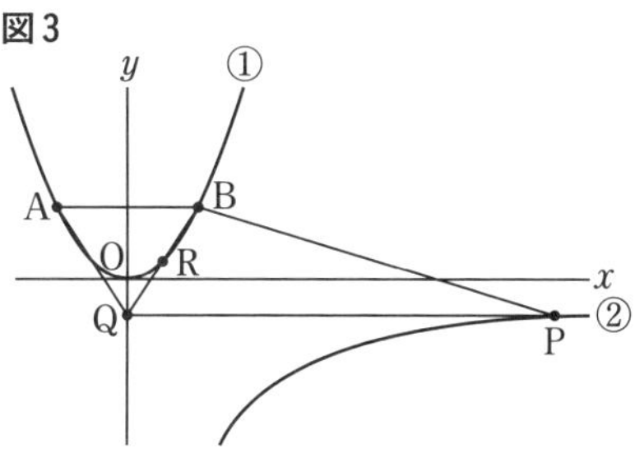

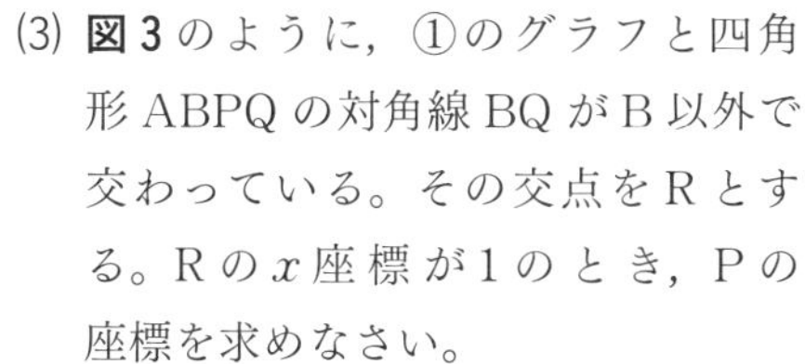

(3) **図3**のように，①のグラフと四角形ABPQの対角線BQがB以外で交わっている。その交点をRとする。Rの x 座標が1のとき，Pの座標を求めなさい。

[　月　日]

第9日 放物線と図形

解答→別冊 20 ページ

1 放物線と平行四辺形の面積の 2 等分

例題 ① 右の図のように，関数 $y=\frac{1}{2}x^2$ のグラフ上に，3 点 A(−4, 8), B(−2, 2), C$\left(3,\ \frac{9}{2}\right)$ があり，四角形 ABCD が平行四辺形になるように点 D をとる。

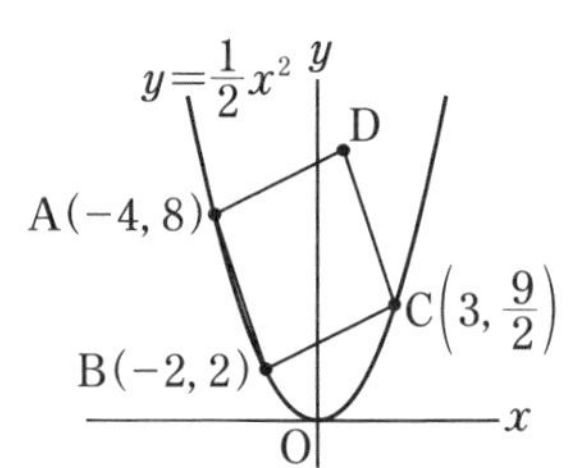

(1) 点 D の座標を求めなさい。

(2) 原点を通り，平行四辺形 ABCD の面積を 2 等分する直線の式を求めなさい。

確認! 平行四辺形の 2 本の対角線は，それぞれの中点で交わる。

2 点 $(a,\ b)$, $(c,\ d)$ を結ぶ線分の中点の座標は，$\left(\frac{a+c}{2},\ \frac{b+d}{2}\right)$

平行四辺形の面積を 2 等分する直線は，対角線の交点を通る。

解法 (1) 点 C は，点 B を右へ $3-(-2)=5$，上へ $\frac{9}{2}-2=\frac{5}{2}$ 移動した点だから，

点 D も点 A を右へ ① ［　　］，上へ ② ［　　］ 移動した点である。

よって，点 D の x 座標は $-4+5=$ ③ ［　　］，

y 座標は $8+\frac{5}{2}=$ ④ ［　　］　　答 **D$\left(1,\ \frac{21}{2}\right)$**

(2) 平行四辺形 ABCD の対角線の交点と原点を通る直線を求める。

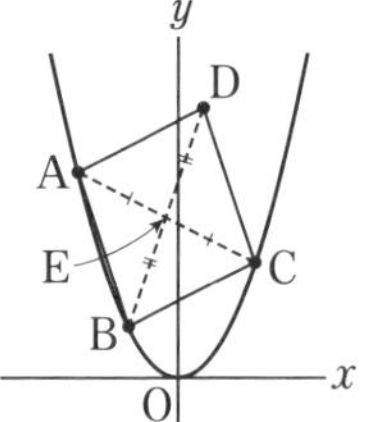

対角線の交点を点 E とすると，点 E は線分 AC の中点より，点 E の x 座標は $\frac{-4+3}{2}=$ ⑤ ［　　］，

y 座標は $\left(8+\frac{9}{2}\right)\div 2=$ ⑥ ［　　］

求める直線は，点 E(⑦ ［　　］, ⑧ ［　　］) と原点を通る。

この直線の傾きは，⑨ ［　　］ だから，　←(傾き)$=\frac{(y\text{の増加量})}{(x\text{の増加量})}$

直線の式は，$y=$ ⑩ ［　　］ x ……答

① 平行四辺形の性質や平行四辺形になる条件を復習しておく。
② 平行線を利用して，面積の等しい三角形を見つけられるようにする。
③ 三角形などの面積やその比は，x 座標や y 座標の距離から考える。

2 放物線と三角形の面積比

例題 ② 右の図のように，関数 $y=\frac{1}{2}x^2$ と $y=-x+4$ のグラフが，2 点 A$(-4,\ 8)$，B$(2,\ 2)$ で交わっている。また，$y=-x+4$ のグラフと x 軸との交点を C とする。

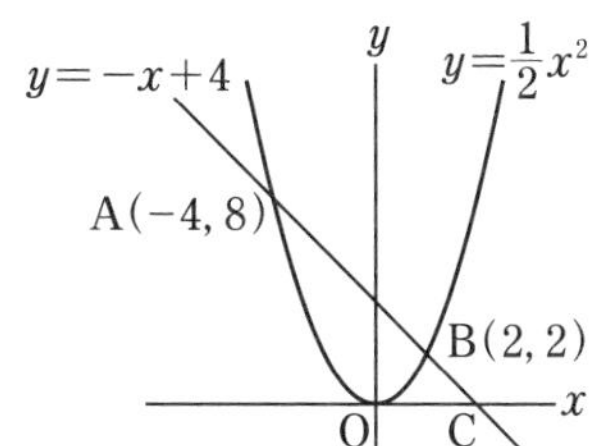

(1) 関数 $y=\frac{1}{2}x^2$ のグラフ上の点 A と点 B の間の部分に，原点 O と異なる点 P をとり，△OAB と △PAB の 面積が等しくなるようにする。このとき，点 P の座標を求めなさい。

(2) △OAB と △OBC の面積比を求めなさい。

三角形の底辺を共有していれば，平行線の距離（高さ）は一定だから，頂点が平行線上を移動しても面積は変わらないことを利用して解く。
2 つの三角形の面積比を求めるには，底辺の比や高さの比に注目し，三角形と比の定理（解答 p.18 の **Check Point** 参照）を利用して，x 座標や y 座標の距離の比で考える。

(1) AB を共通の底辺と考えると，△OAB＝△PAB のとき，BA∥OP になる。
OP の傾きは ① で，O は原点だから，OP の式は $y=$ ②
点 P は $y=\frac{1}{2}x^2$ のグラフ上にあるので，$y=\frac{1}{2}x^2$ と $y=$ ③ を連立方程式として解く。$\frac{1}{2}x^2=$ ④ より，$x=0$，$x=$ ⑤
点 P は原点 O とは異なるから，P の x 座標は ⑥
$y=\frac{1}{2}x^2$ に $x=$ ⑦ を代入して，**P(** ⑧ **,** ⑨ **)** ……答

(2) $y=-x+4$ に $y=0$ を代入して $x=4$ より，C$(4,\ 0)$
△OAB と △OBC は，AB，BC を底辺とすると高さが等しいので，面積比は ⑩ の比に等しい。底辺の比を x 座標の距離の比に直して考えると，
△OAB：△OBC＝AB：⑪
$=\{2-(-4)\}:(4-2)=$ ⑫ **：1** ……答

入試実戦テスト

時間 35分　合格 80点　得点 ／100

解答→別冊 20 ページ

重要 **1** 右の図のように，関数 $y=\frac{1}{2}x^2$ のグラフ上に，3点A，B，Cがあり，点Bの x 座標は2，点Cの x 座標は4である。また，y 軸上に点D(0，8)がある。四角形ABCDが平行四辺形となるとき，原点をOとして，次の問いに答えなさい。

（7点×4）〔長崎一改〕

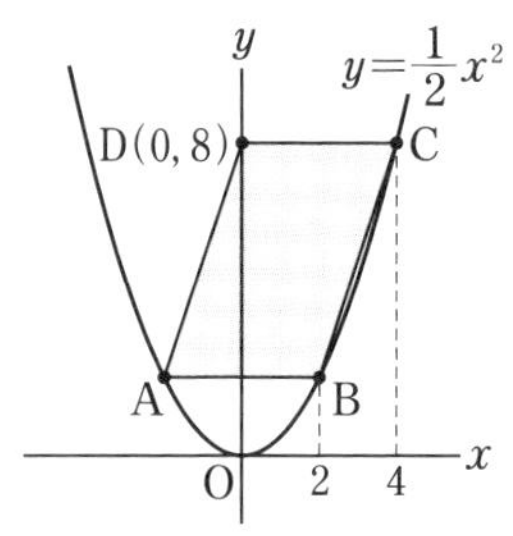

(1) 点Aの座標を求めなさい。

(2) 直線BDの式を求めなさい。

(3) 平行四辺形ABCDの面積を求めなさい。

(4) 原点Oを通り，平行四辺形ABCDの面積を2等分する直線の式を求めなさい。

重要 **2** 右の図のように，関数 $y=ax^2$ のグラフと，このグラフ上の2点A，Bを通る直線があり，この直線と y 軸との交点をC，点Bと y 軸について対称な点をDとする。点Aの x 座標は -4，点Bの y 座標は2である。
AC：CB＝2：1 のとき，次の問いに答えなさい。

（7点×3）〔兵庫〕

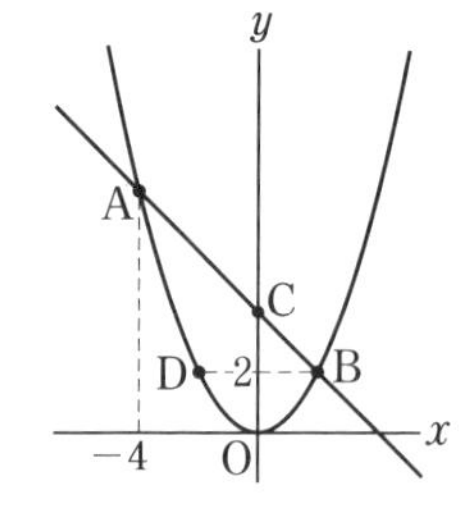

(1) 点Bの x 座標を求めなさい。

(2) a の値を求めなさい。

(3) 点Pを直線AB上の点とする。四角形ADOBと△ADPの面積が等しくなるときの，点Pの座標を1つ求めなさい。

重要 **3**

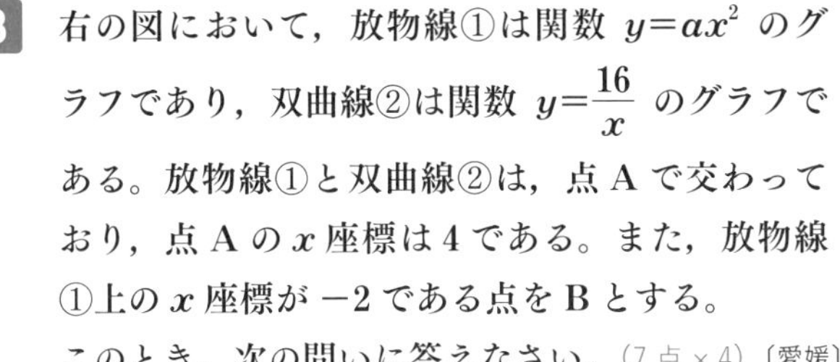

右の図において，放物線①は関数 $y=ax^2$ のグラフであり，双曲線②は関数 $y=\dfrac{16}{x}$ のグラフである。放物線①と双曲線②は，点 A で交わっており，点 A の x 座標は 4 である。また，放物線①上の x 座標が -2 である点を B とする。

このとき，次の問いに答えなさい。（7 点 × 4）〔愛媛〕

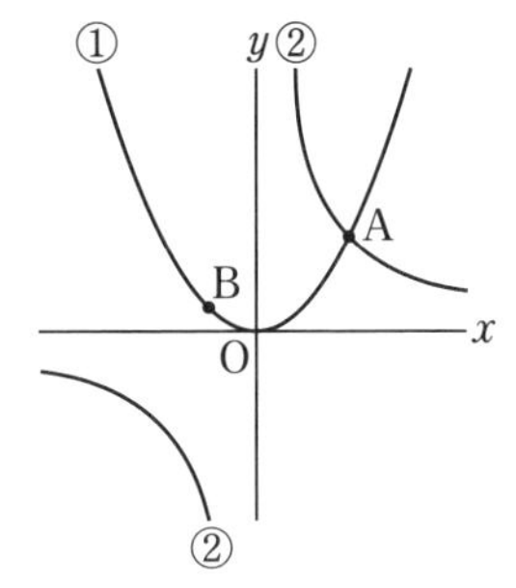

(1) a の値を求めなさい。

(2) 直線 AB の式を求めなさい。

(3) 原点 O を通り直線 AB に平行な直線と双曲線②との交点のうち，x 座標が正である点を C とする。このとき，△ABC の面積を求めなさい。

(4) 点 P は，y 軸上の $y>0$ の範囲を動く点とする。△ABP の面積と △AOP の面積が等しくなるとき，点 P の y 座標をすべて求めなさい。

4 **右の図のように，2 つの関数 $y=ax^2$（a は定数）……㋐，$y=-2x$ ……㋑ のグラフがある。点 A は関数㋐，㋑のグラフの交点で，A の x 座標は -6 である。点 B は関数㋐のグラフ上にあり，B の x 座標は 4 である。また，点 C は B を通る直線と関数㋑のグラフとの交点で，C の x 座標は -1 である。**〔熊本〕

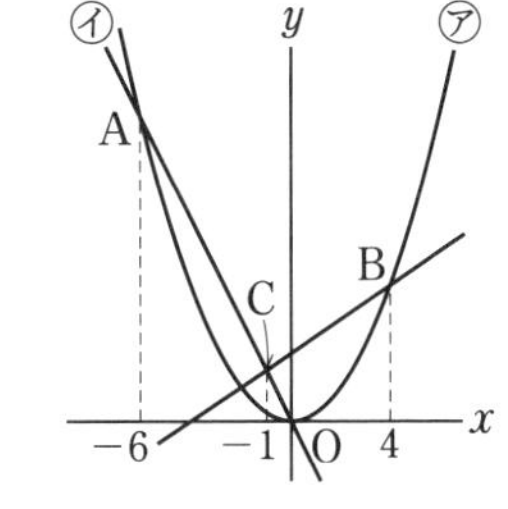

(1) a の値を求めなさい。（7 点）

(2) 線分 BC 上に 2 点 B，C とは異なる点 P をとり，P の x 座標を t とする。また，P から x 軸にひいた垂線と x 軸との交点を Q とする。（8 点 × 2）

① △BPQ の面積を，t を使った式で表しなさい。

② △BPQ の面積が △ACP の面積の $\dfrac{1}{2}$ となるときの t の値を求めなさい。ただし，根号がつくときは根号のついたままで答えること。

［　月　日］

点や図形の移動

解答→別冊 23 ページ

1 いろいろな図形上の動点

例題 ① **右の図の直方体は，AB＝6 cm，AD＝4 cm，BE＝10 cm である。点 P は A を出発し，直方体の辺上を B，E，F の順に通って C まで動く。点 P が A から x cm 動いたときの △BCP の面積を y cm^2 とする。点 P が A を出発し C まで動くとき，x と y の関係をグラフに表しなさい。**

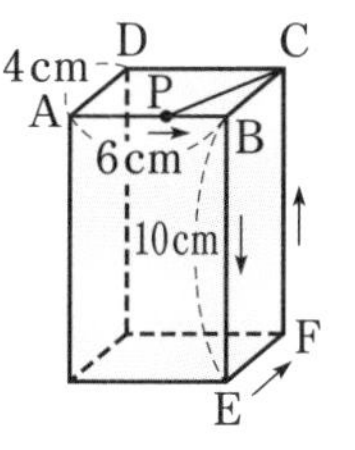

確認! 点 P が，平面や立体の辺上を動くとき，各頂点にきたときに条件や式が変わることに着目する。

解法 P が AB 上にあるとき，$0 \leqq x \leqq$ ［①　　］ ←どの辺上にあるかで変域を分ける

PB を底辺とすると，底辺 $(6-x)$ cm，高さ 4 cm だから，$y=-2x+12$

P が BE 上にあるとき，$6 \leqq x \leqq$ ［②　　］

底辺 $(x-6)$ cm，高さ 4 cm だから，

$y=2x-$ ［③　　］

P が EF 上にあるとき，$16 \leqq x \leqq 20$

底辺 4 cm，高さ 10 cm だから，$y=20$

P が FC 上にあるとき，$20 \leqq x \leqq$ ［④　　］

底辺 $(30-x)$ cm，高さ 4 cm だから，

$y=-2x+$ ［⑤　　］

これをグラフに表す。

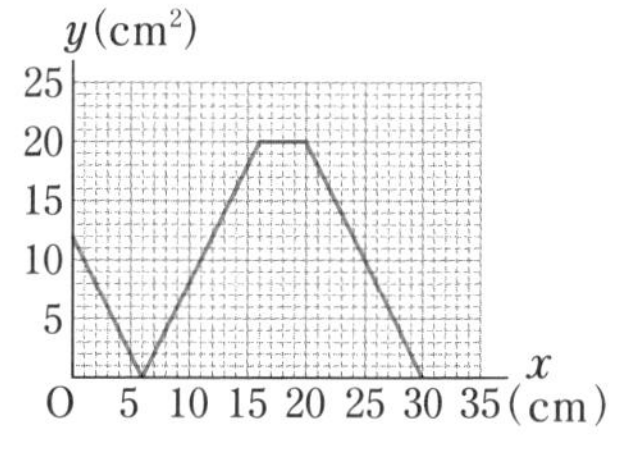

答 上の図

2 重なった部分の面積

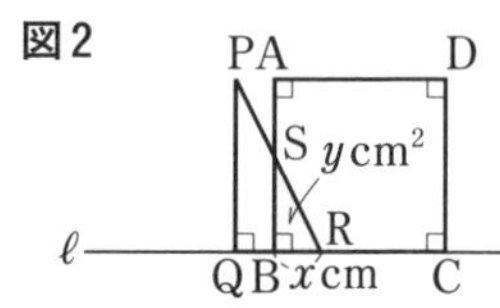

例題 ② **図 1 のように，直線 ℓ 上に，∠Q＝90° の直角三角形 PQR と正方形 ABCD があり，点 R と点 B が同じ位置にある。いま，△PQR を直線 ℓ にそって矢印の方向に，**

図 1

P　A　　D
4 cm　　4 cm
Q
ℓ
2 cm　RB　4 cm　C

① いろいろな図形上の動点の問題では，動点がどの辺上にあるかを考える。
② 重なった部分の**図形**が x の変域によって異なることに注意する。
③ 重なった部分の**面積**を，x を用いて表すことができるようにする。

点 R が点 B から点 C に重なるまで移動させる。
図 2 のように，△PQR と正方形 ABCD が重なっているとき，PR と AB の交点を S，線分 BR の長さを x cm，重なっている部分の面積を y cm^2 とする。このとき，次のそれぞれの場合について，y を x の式で表しなさい。

(1) $0 \leqq x \leqq 2$ のとき　　(2) $2 \leqq x \leqq 4$ のとき

1 つの図形が移動して他の図形に重なるとき，どこで x，y の関係を表す式が変わるかに着目する。

(1) BR：BS＝QR：QP より，
x：BS＝2：[①]　4x＝2BS ←$a:b=c:d$ → $ad=bc$
よって，BS＝2x cm となるから，$y=\frac{1}{2}\times$[②]$\times 2x=x^2$　答 $y=x^2$

(2) 重なった部分は △PQR に等しくなるから，**y＝**[③]……答

例題 3　右の図 1 のように，合同な 2 つの直角二等辺三角形である △ABC と △DEF が直線 ℓ 上にあり，2 つの頂点 C，F が重なっている。この △ABC を頂点 C が頂点 E に重なるまで，直線 ℓ にそって矢印の向きに移動させる。
図 2 は 2 つの三角形が一部分重なった状態を表し，辺 AC と DF の交点を H，2 点 F，C 間の距離を x cm とする。$0 \leqq x \leqq 4$ のとき，重なった部分の面積を y cm^2 として，x と y の関係を式で表しなさい。

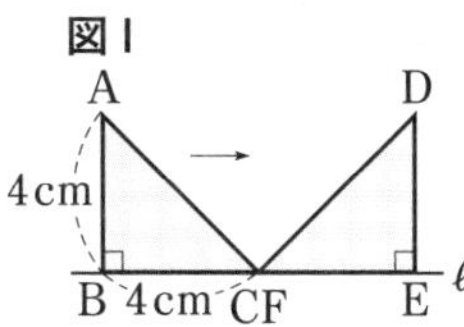

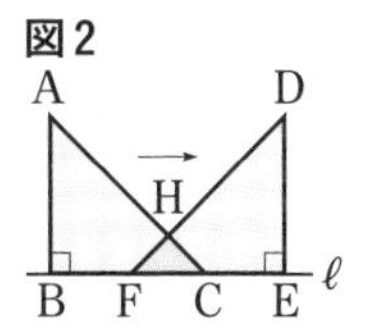

確認! 重なった部分は ∠FHC＝90° の直角二等辺三角形になる。
→ 3 辺の比は $1:1:\sqrt{2}$

解法 △HFC は直角二等辺三角形だから，HF：HC：x＝$1:1:\sqrt{2}$
HF＝HC＝[①] cm
よって，△HFC＝$\frac{1}{2}\times\left(\frac{\sqrt{2}}{2}x\right)^2$＝[②] (cm^2)　答 $y=\frac{1}{4}x^2$

［　月　日］

第10日 入試実戦テスト

時間 35分　合格 80点　得点　／100

解答→別冊 23 ページ

1 右の図のように，直線 ℓ 上に1辺が4の正方形ABCDと EF＝6，FG＝12 の直角三角形EFGがある。正方形の頂点Cと直角三角形の頂点Eが重なっている状態から，正方形が，秒速1で直線 ℓ にそって矢印の方向に動くとき，x 秒後に2つの図形が重なった部分の面積を y とする。直角三角形は動かないものとして，次の問いに答えなさい。(7点×3)〔青雲高〕

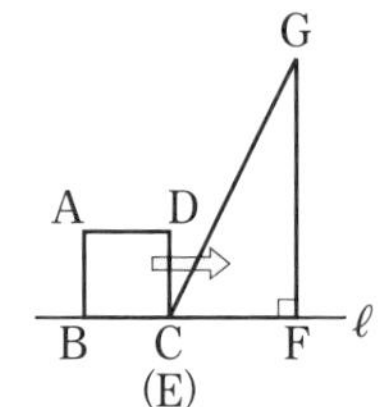

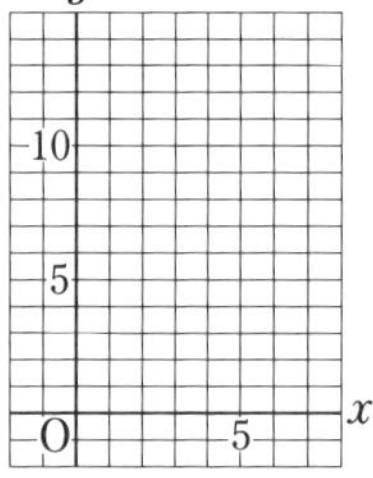

(1) $x=2$ のとき，y の値を求めなさい。

(2) $0 \leqq x \leqq 4$ における，x，y の関係のグラフを右の図にかきなさい。

(3) $y=15$ となるような，x の値を求めなさい。

重要 **2** 右の図のように，4点O(0, 0)，A(12, 0)，B(12, 4)，C(4, 4)を頂点とする台形OABCがある。2点P，Qは原点Oを同時に出発し，Pは x 軸上を，Qは y 軸上をそれぞれ矢印の向きに毎秒1cmの速さで動く。ただし，座標の1目盛りを1cmとする。(7点×4)〔和歌山一改〕

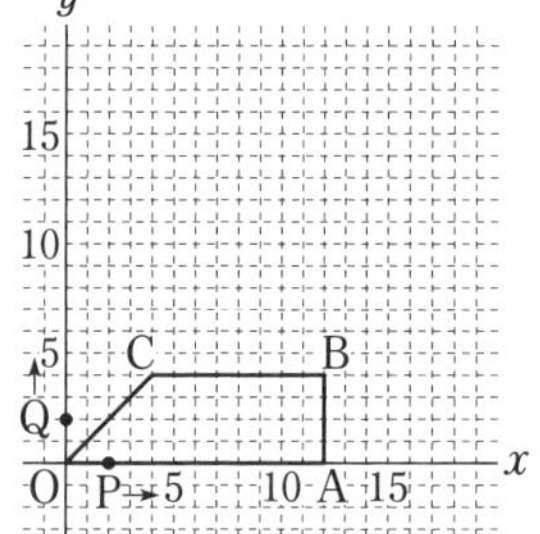

(1) 3点P，B，Qが一直線上に並ぶのは，2点P，Qが原点Oを出発してから何秒後か，求めなさい。

(2) 2点P，Qが原点Oを出発してから x 秒後に台形OABCを線分PQで分ける図形のうち，原点Oを含（ふく）む図形の面積を $y\,\text{cm}^2$ とする。ただし，$x=0$ のとき，$y=0$ とする。

① x の変域が $0 \leqq x \leqq 8$ のとき，y を x の式で表し，そのグラフを右の図にかきなさい。

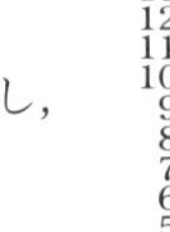

② x の変域が $8 \leqq x \leqq 12$ のとき，y を x の式で表しなさい。

y 19 18 17 16 15 14 13 12 11 10 9 8 7 6 5 4 3 2 1 O 1 2 3 4 5 6 7 8 9 10 x

3 右の図の △ABC は，AB＝BC＝6 cm の直角二等辺三角形である。点 P は A を出発し，毎秒 3 cm の速さで辺 AB，BC 上を C まで動き，C に到着したら停止する。また，点 Q は点 P と同時に B を出発し，毎秒 2 cm の速さで辺 BC 上を C まで動き，C に到着したら停止する。2 点 P，Q が出発してから x 秒後の △APQ の面積を y cm^2 とするとき，次の問いに答えなさい。〔鹿児島一改〕

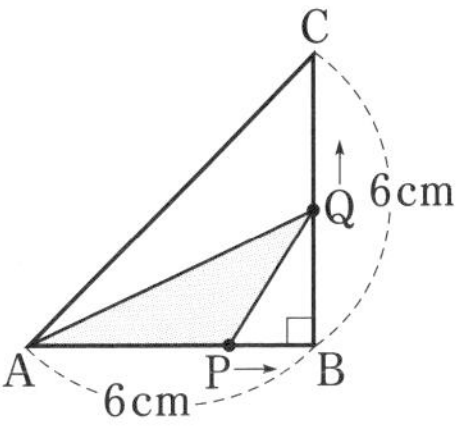

(1) x の変域が $0 \leqq x \leqq 2$ のとき，y を x の式で表しなさい。(9 点)

(2) 下の表は，x と y の対応を表している。㋐，㋑にあてはまる数を求めなさい。

x	0	2	3	4
y	0	㋐	㋑	0

また，x の変域が $0 \leqq x \leqq 4$ のとき，x と y の関係を表すグラフを右の図にかきなさい。(6 点 × 3)

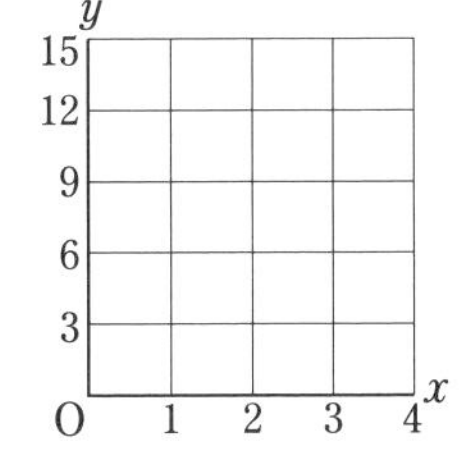

重要 **4** 右の図のような，AB＝50 cm，BC＝40 cm，CA＝30 cm の直角三角形 ABC がある。点 P，Q が同時に A を出発して，P は分速 5 cm で △ABC の辺上を B を通って C まで動き，Q は分速 3 cm で辺 AC 上を C まで動く。ただし，Q は C で止まってその後は動かないものとする。P，Q が A を出発して x 分後の △APQ の面積を y cm^2 とする。

〔岐阜一改〕

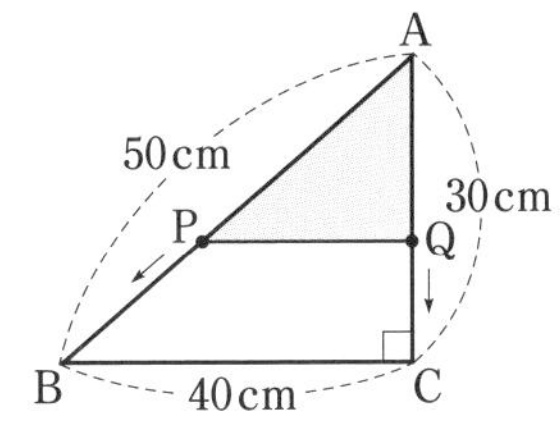

(1) 次の①，②について，y を x の式で表し，$0 \leqq x \leqq 18$ の範囲で，x と y の関係を表すグラフをかきなさい。(5 点 × 3)

① $0 \leqq x \leqq 10$ のとき

② $10 \leqq x \leqq 18$ のとき

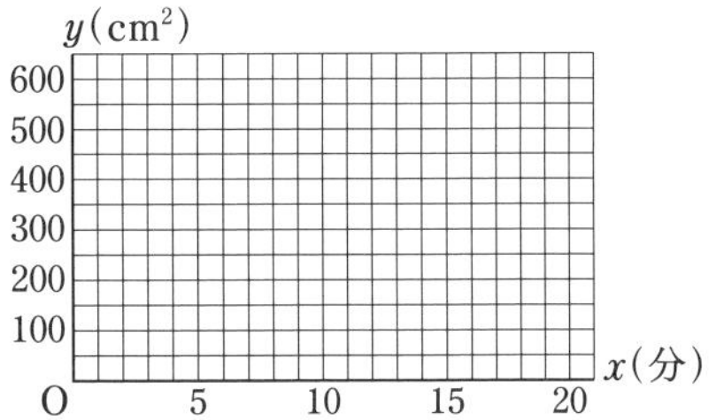

(2) △APQ の面積が 150 cm^2 以上であるのは，P，Q が A を出発して何分後から何分後までですか。(9 点)

[　月　日]

総仕上げテスト

時間 60 分　合格 80 点　得点　／100

解答→別冊 26 ページ

重要 **1** **右の図のように，関数 $y=\frac{6}{x}$ のグラフ上に 2 点 A，B がある。A，B の x 座標はそれぞれ -6，1 である。次の問いに答えなさい。**〔徳島〕

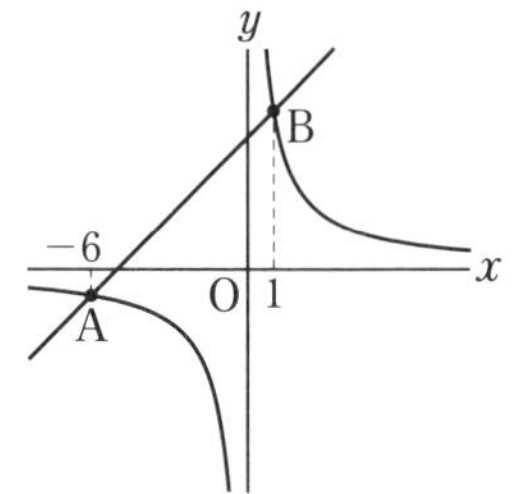

(1) 点 A の y 座標を求めなさい。(3 点)

(2) 2 点 A，B を通る直線の式を求めなさい。(3 点)

(3) 関数 $y=\frac{6}{x}$ のグラフ上にある点で，x 座標と y 座標がともに整数となる点は全部で何個あるか，求めなさい。(3 点)

(4) 直線 AB 上に，点 D をとる。△OAB と △ODB の面積比が 3：2 となる点 D の x 座標をすべて求めなさい。(5 点)

2 **直線 ℓ 上に，右の図のような図形 P と長方形 Q がある。Q を固定したまま，P を図の位置から ℓ にそって矢印の向きに毎秒 1 cm の速さで動かし，点 B と点 D が重なるのと同時に停止させるものとする。点 B と点 C が重なってから x 秒後の，2 つの図形が重なる部分の面積を y cm^2 とするとき，次の問いに答えなさい。**〔群馬〕

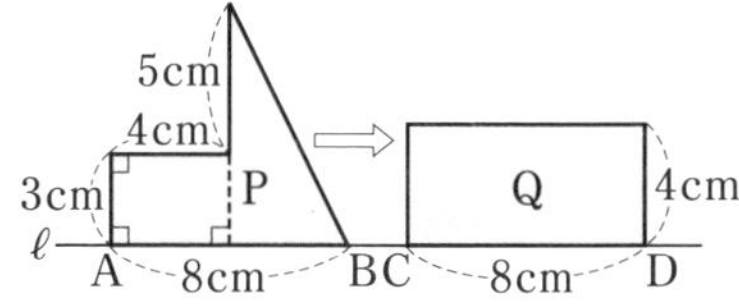

(1) 点 B と点 C が重なってから P が停止するまでの x と y の関係を，重なる部分の図形の種類と x と y の関係を表す式の変化に着目して，次の I ～ III の場合に分けて考えた。[a]，[b] には適する数を，[あ]～[う] にはそれぞれ異なる式を入れなさい。(4 点 × 5)

I　$0 \leqq x \leqq$ [a] のとき，y を x の式で表すと，[あ]

II　[a] $\leqq x \leqq$ [b] のとき，y を x の式で表すと，[い]

III　[b] $\leqq x \leqq 8$ のとき，y を x の式で表すと，[う]

(2) 2 つの図形が重なる部分の面積が P の面積の半分となるのは，点 B と点 C が重なってから何秒後か，求めなさい。(5 点)

3 右の図1のように空(から)の水そうがあり，P，Qからそれぞれ出す水をこの中に入れる。最初に，P，Qから同時に水を入れ始めて，その6分後に，Qから出す水を止め，Pからは出し続けた。さらに，その4分後に，Pから出す水も止めたところ，水そうの中には230 Lの水が入った。P，Qから同時に水を入れ始めてから，x分後の水そうの中の水の量をy Lとする。右の図2は，P，Qから同時に水を入れ始めてから，水そうの中の水の量が230 Lになるまでの，xとyの関係をグラフに表したものである。ただし，P，Qからは，それぞれ一定の割合で水を出すものとする。〔新潟一改〕

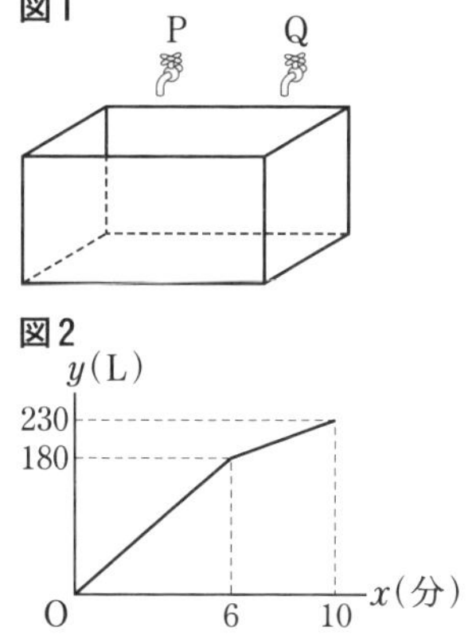

(1) **図2**について，$6 \leqq x \leqq 10$のとき，xとyの関係を$y=ax+b$の形で表す。このとき，bの値を求めなさい。
また，bの値について述べた次の文の□にあてはまる最も適当なものを，下の**ア**～**エ**から1つ選び，記号で答えなさい。(4点×2)

bの値は，P，Qから同時に水を入れ始めてから，水そうの中の水の量が230 Lになるまでの間の，□と同じ値である。

ア「Pから出た水の量」と「Qから出た水の量」の和
イ「Pから出た水の量」から「Qから出た水の量」を引いた差
ウ Pから出た水の量
エ Qから出た水の量

(2) Pから出た水の量と，Qから出た水の量が等しくなるのは，P，Qから同時に水を入れ始めてから何分何秒後か，求めなさい。(5点)

4 右の図で，Oは原点，点A，Bの座標はそれぞれ(4，0)，(0，3)である。Cは∠ABOの二等分線mと，関数$y=2x$との交点である。〔愛知〕

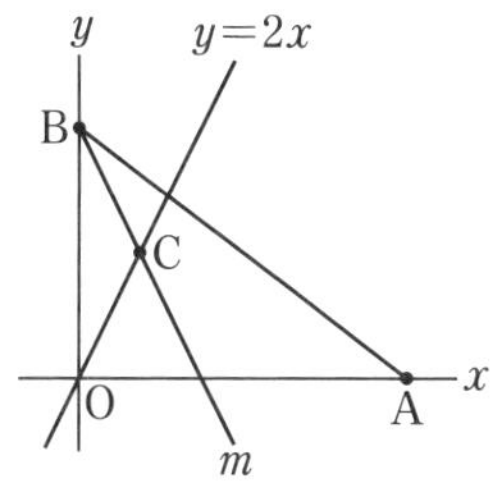

(1) 直線BAの式を求めなさい。(3点)

(2) 点Cの座標を求めなさい。(5点)

総仕上げテスト

5 **希さんの家，駅，図書館が，この順に一直線の道路沿いにあり，家から駅までは 900 m，家から図書館までは 2400 m 離れている。希さんは，9 時に家を出発し，この道路を図書館に向かって一定の速さで 30 分間歩き図書館に着いた。図書館で本を借りた後，この道路を図書館から駅まで分速 75 m で歩き，駅から家まで一定の速さで 15 分間歩いたところ，10 時 15 分に家に着いた。右の図は，9 時から x 分後に希さんが家から y m 離れているとするとき，9 時から 10 時 15 分までの x と y の関係をグラフに表したものである。**（5 点 × 3）

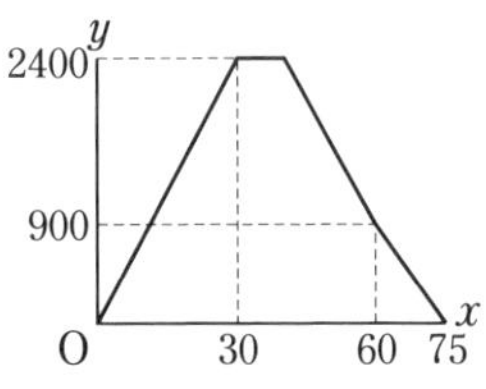

〔福岡一改〕

記述 (1) 9 時 11 分に希さんのいる地点は，家から駅までの間と，駅から図書館までの間のどちらであるかを説明しなさい。ただし，説明する際は，$0 \leqq x \leqq 30$ における x と y の関係を表す式を示して説明しなさい。

(2) 希さんの姉は，借りていた本を返すために，9 時より後に自転車で家を出発し，この道路を図書館に向かって分速 200 m で進んだところ，希さんが図書館を出発すると同時に図書館に着いた。9 時から x 分後に希さんの姉が家から y m 離れているとするとき，希さんの姉が家を出発してから図書館に着くまでの x と y の関係を表したグラフは，次の**方法**でかくことができる。

方法

希さんの姉が，家を出発したときの x と y の値の組を座標とする点を A，図書館に着いたときの x と y の値の組を座標とする点を B とし，それらを直線で結ぶ。

このとき，2 点 A，B の座標をそれぞれ求めなさい。

(3) 希さんの兄は，10 時 5 分に家を出発し，この道路を駅に向かって一定の速さで走り，その途中で希さんとすれちがい，駅に着いた。希さんの兄は，駅で友達と話し，駅に着いてから 15 分後に駅を出発し，この道路を家に向かって，家から駅まで走った速さと同じ一定の速さで走ったところ，10 時 38 分に家に着いた。希さんの兄と希さんがすれちがったのは，10 時何分何秒か求めなさい。

重要 **6** 右の図において，①は関数 $y=ax^2$ $(a>0)$ のグラフであり，②は関数 $y=-\frac{1}{4}x^2$ のグラフである。また，2点A，Bの座標はそれぞれ$(-2,\ 0)$，$(4,\ 0)$である。

点Aを通りy軸に平行な直線と，放物線①，②との交点をそれぞれC，Dとする。また，点Bを通りy軸に平行な直線と，放物線①，②との交点をそれぞれE，Fとする。〔静岡〕

(1) xの変域が $-2\leqq x\leqq 5$ であるとき，関数 $y=-\frac{1}{4}x^2$ のyの変域を求めなさい。(3点)

(2) 直線 $y=-2x+b$ は，4点A，D，F，Bのうち，どの点を通るとき，そのbの値は最も大きくなりますか。また，そのときのbの値を求めなさい。(4点)

(3) $\angle\mathrm{CEF}=\angle\mathrm{CFE}$ となるときのaの値を求めなさい。(5点)

7 図1のように，関数 $y=ax^2$ ……① と直線 $y=2$ ……② のグラフが2点A，Bで交わっている。点Aの座標は$(-4,\ 2)$である。また，点Cは②のグラフとy軸との交点である。〔宮崎―改〕

(1) aの値を求めなさい。(3点)

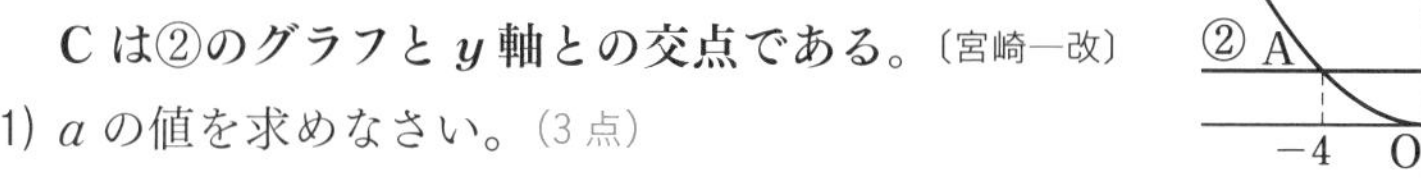

(2) 図2は，図1において，平行四辺形AODBをかいたものであり，点Dはx軸上の点で，そのx座標は正である。(5点×2)

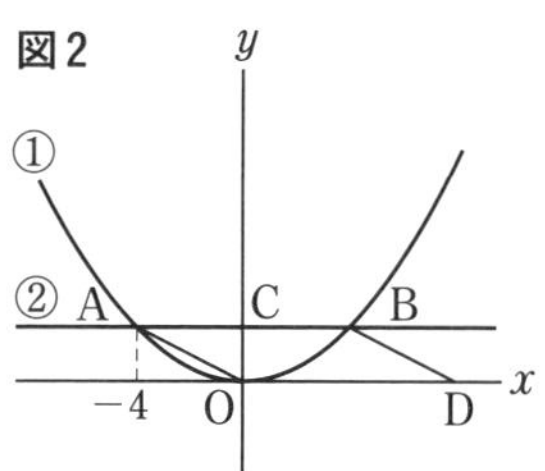

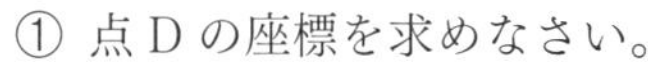

① 点Dの座標を求めなさい。

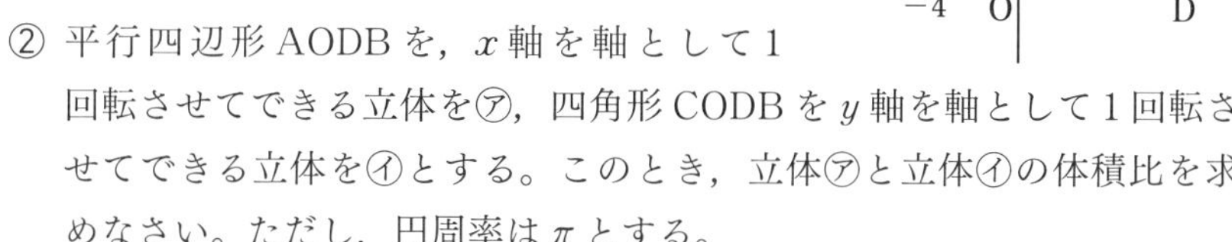

② 平行四辺形AODBを，x軸を軸として1回転させてできる立体を㋐，四角形CODBをy軸を軸として1回転させてできる立体を㋑とする。このとき，立体㋐と立体㋑の体積比を求めなさい。ただし，円周率はπとする。

試験における実戦的な攻略ポイント５つ

①問題文をよく読もう！

問題文をよく読み，意味の取り違えや読み間違いがないように注意しよう。
選択肢問題や計算問題，記述式問題など，解答の仕方もあわせて確認しよう。

②解ける問題を確実に得点に結びつけよう！

解ける問題は必ずある。試験が始まったらまず問題全体に目を通し，自分の解けそうな問題から手をつけるようにしよう。
くれぐれも簡単な問題をやり残ししないように。

③答えは丁寧な字ではっきり書こう！

答えは，誰が読んでもわかる字で，はっきりと丁寧に書こう。
せっかく解けた問題が誤りと判定されることのないように注意しよう。

④時間配分に注意しよう！

手が止まってしまった場合，あらかじめどのくらい時間をかけるべきかを決めておこう。
解けない問題にこだわりすぎて時間が足りなくなってしまわないように。

⑤答案は必ず見直そう！

できたと思った問題でも，誤字脱字，計算間違いなどをしているかもしれない。ケアレスミスで失点しないためにも，必ず見直しをしよう。

受験日の前日と当日の心がまえ

前日

- 前日まで根を詰めて勉強することは避け，暗記したものを確認する程度にとどめておこう。
- 夕食の前には，試験に必要なものをカバンに入れ，準備を終わらせておこう。
  また，試験会場への行き方なども，前日のうちに確認しておこう。
- 夜は早めに寝るようにし，十分な睡眠をとるようにしよう。もし翌日の試験のことで緊張して眠れなくても，遅くまでスマートフォンなどを見ず，目を閉じて心身を休めることに努めよう。

当日

- 朝食はいつも通りにとり，食べ過ぎないように注意しよう。
- 再度持ち物を確認し，時間にゆとりをもって試験会場へ向かおう。
- 試験会場に着いたら早めに教室に行き，自分の席を確認しよう。また，トイレの場所も確認しておこう。
- 試験開始が近づき緊張してきたときなどは，目を閉じ，ゆっくり深呼吸しよう。

解答・解説

第1日 比例と反比例

例題の解法 p.4〜5

例題1 ①5 ②$5x$ ③比例 ④$\frac{40}{x}$
⑤反比例

例題2 ①ax ②-3 ③$\frac{a}{x}$ ④8

例題3 ①原点 ②2 ③2
④双曲線 ⑤-1 ⑥2

入試実戦テスト p.6〜7

1 (1)$y=-5x$ (2)$y=-8$
(3)$y=\frac{6}{x}$ (4)$y=16$ (5)$\frac{3}{2}$

2 (1)①$(4, -3)$ ②$(-2, 5)$
(2)
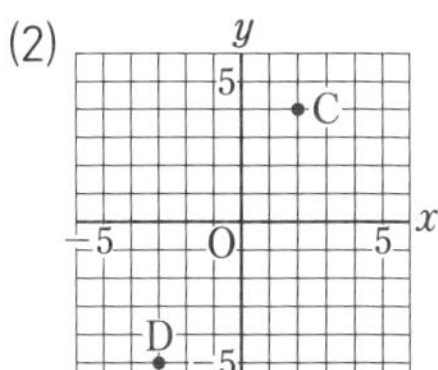

(3)$(-4, 3)$

3 ㋐$\frac{1}{4}$ ㋑3

4 $a=\frac{2}{3}$

5 (1)ア，ウ
(2)①$a=12$ ②$\frac{3}{2}\leqq y\leqq 4$

6 ウ

解説

1 (1)$y=ax$ に $x=3$，$y=-15$ を代入して，$-15=a\times 3$ $a=-5$
よって，$y=-5x$

(2)$y=ax$ に $x=-3$，$y=36$ を代入して，
$36=a\times(-3)$ $a=-12$
よって，$y=-12x$
この式に $x=\frac{2}{3}$ を代入して，
$y=-12\times\frac{2}{3}=-8$

(3)$y=\frac{a}{x}$ に $x=3$，$y=2$ を代入して，
$2=\frac{a}{3}$ $a=6$ よって，$y=\frac{6}{x}$

(4)$y=\frac{a}{x}$ に $x=4$，$y=8$ を代入して，
$8=\frac{a}{4}$ $a=32$
よって，$y=\frac{32}{x}$
この式に $x=2$ を代入して，
$y=\frac{32}{2}=16$

(5)$y=\frac{a}{x}$ に $x=-2$，$y=3$ を代入して，
$3=-\frac{a}{2}$ $a=-6$
よって，$y=-\frac{6}{x}$
この式に $x=-4$ を代入して，$y=\frac{3}{2}$

ミス注意！ 比例ならば $y=ax$，反比例ならば $y=\frac{a}{x}$ に，x と y の値を代入して，a の値を求めて関係式を導く。

ひっぱると，はずして使えます。

2 (3) y 軸について対称な点は，x 座標の符号が変わり，y 座標はそのままである。

Check Point

点 $(a,\ b)$ について，
① x 軸について対称な点 $(a,\ -b)$
② y 軸について対称な点 $(-a,\ b)$
③原点について対称な点 $(-a,\ -b)$

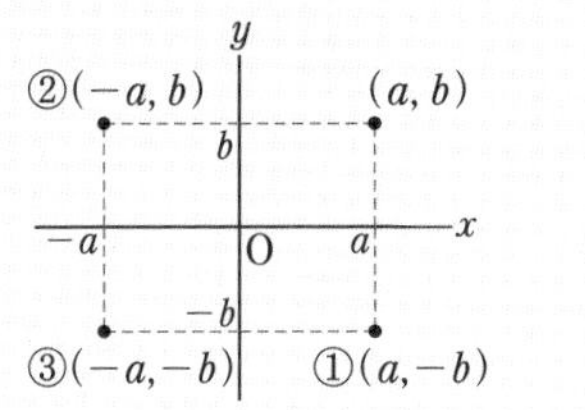

3 $y=ax$ のグラフが $A(2,\ 6)$ を通るとき，グラフの式は，
$6=a\times2$　$a=3$ より，$y=3x$
$y=ax$ のグラフが $B(8,\ 2)$ を通るとき，グラフの式は，
$2=a\times8$　$a=\frac{1}{4}$ より，$y=\frac{1}{4}x$
よって，求める a の値の範囲は，
$\frac{1}{4}\leqq a\leqq3$

4 点 A の x 座標が 6 だから，$y=\frac{24}{x}$ の式に代入して，$y=4$
よって，点 A の座標は，
$A(6,\ 4)$
$y=ax$ のグラフも点 A を通るから，
$x=6$，$y=4$ を代入して，
$4=a\times6$　$a=\frac{2}{3}$

ミス注意！ 比例や反比例のグラフでは，
①グラフの式がわかっているとき
x 座標，y 座標のどちらかの値を式に代入すれば，もう一方の座標を求めることができる。
②グラフが通る点の座標がわかっているとき
$y=ax$ や $y=\frac{a}{x}$ に x 座標，y 座標の値を代入すれば比例定数 a を求めることができる。

5 (1) **ア** (平行四辺形の面積)＝(底辺)×(高さ) より，$x\times y=20$　$y=\frac{20}{x}$
これは反比例の式である。
イ 正六角形は，1 辺が x cm の辺が 6 本あるから，周の長さは，$y=6x$
これは比例の式である。
ウ (時間)＝$\frac{(道のり)}{(速さ)}$ より，$y=\frac{1000}{x}$
これは反比例の式である。
エ (おうぎ形の面積)
$=\pi\times(半径)^2\times\frac{(中心角の角度)}{360^\circ}$ より，$y=\pi\times x^2\times\frac{120^\circ}{360^\circ}=\frac{1}{3}\pi x^2$
これは y が x の 2 乗に比例する式である。

Check Point

(1) 比例や反比例しているかどうかを判断するには，式の形を見ればよい。
「$y=ax$」の式⇒「比例している」
「$y=\frac{a}{x}$」の式⇒「反比例している」

(2) ① $y=\frac{a}{x}$ に $x=4$，$y=3$ を代入して，
$3=\frac{a}{4}$　$a=12$
② $y=\frac{12}{x}$ に $x=3$，$x=8$ をそれぞれ代入すると，
$y=\frac{12}{3}=4$，$y=\frac{12}{8}=\frac{3}{2}$
よって，$\frac{3}{2}\leqq y\leqq4$

> **ミス注意！** (2)変数 x のとりうる値の範囲をその変数の変域といい，不等号を使って表す。$x \leqq 8$ は，$x<8$ または $x=8$ であることを表している。

6 **ア** PQ$=x$ cm だから，$y=\frac{1}{2}x^2$

イ AD を底辺とすると，高さは $(5-x)$ cm だから，$y=\frac{5(5-x)}{2}$

ウ AB を底辺とすると，高さは x cm だから，$y=\frac{5}{2}x$

エ $y=5-x$

第2日 1次関数とグラフ

例題の解法 p.8〜9

例題 1 ① -3 ② 2 ③ 2 ④ 6

例題 2 ① $\frac{1}{2}$ ② 1

例題 3 ① 3 ② 4 ③ $2a$ ④ 4 ⑤ -3 ⑥ -3 ⑦ 4

入試実戦テスト p.10〜11

1 (1)**ウ** (2) $a=2$, $b=-1$

2 (1)10 (2) $-3 \leqq y \leqq 9$

3 (1) $y=-3x+1$ (2) $y=3x+1$
(3) $y=3x+2$ (4) $y=-2x+3$
(5) $y=-x-12$

4

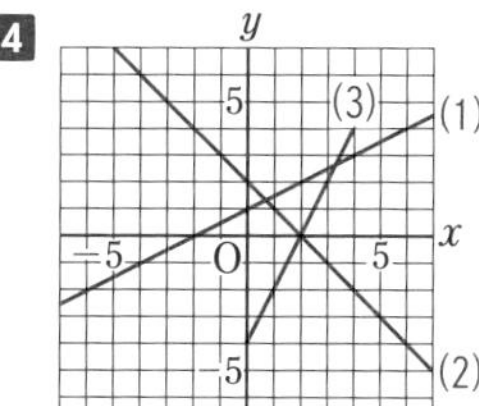

5 (1) $a=-\frac{1}{2}$, $b=2$
(2) $-1 \leqq b \leqq 5$
(3) $a=1$, $b=\frac{11}{2}$

6 (1) $y=-\frac{3}{4}x+6$
(2) $y=-\frac{3}{4}x+3$

解説

1 (1)グラフが右下がりの直線だから，傾き a は負である。また，y 軸との交点が正だから，切片 b は正である。
(2)図より，グラフは $(0,\ -1)$，$(1,\ 1)$ を通ることがわかる。

a=(傾き)=(変化の割合)

$=\dfrac{(y\text{ の増加量})}{(x\text{ の増加量})}$ より,

$a=\dfrac{1-(-1)}{1-0}=\dfrac{2}{1}=2$

b=(切片) より, $b=-1$

2 (1)(y の増加量)=(変化の割合)×(x の増加量) より, $\dfrac{5}{3}\times6=10$

(2) $y=-2x+5$ について,

x	-2	4
y	9	-3

y の変域は, $-3\leqq y\leqq9$

ミス注意! (2) $y=-2x+5$ では, x が増加するとき, y の値は減少する。このとき, y の変域を $9\leqq y\leqq-3$ としないように気をつけよう。

3 1次関数の式を $y=ax+b$ とする。

(1)変化の割合が -3 より, $a=-3$

よって, $y=-3x+b$

$x=1$, $y=-2$ を代入して,

$-2=-3+b$　$b=1$

したがって, $y=-3x+1$

(2)傾きが3より, $a=3$

よって, $y=3x+b$

$x=2$, $y=7$ を代入して,

$7=6+b$　$b=1$

したがって, $y=3x+1$

(3)直線 $y=3x$ に平行ということは, 傾きが等しいから, $a=3$

また, y 軸上の点 $(0, 2)$ を通るから, $b=2$　したがって, $y=3x+2$

(4) $y=ax+b$ において,

$x=1$, $y=1$ を代入して,

$1=a+b$ ……①

$x=3$, $y=-3$ を代入して,

$-3=3a+b$ ……②

①−② より, $4=-2a$　$a=-2$

①の式に代入して,

$1=-2+b$ より, $b=3$

よって, $y=-2x+3$

別解 変化の割合は, $\dfrac{-3-1}{3-1}=-2$

よって, $y=-2x+b$

$x=1$, $y=1$ を代入して,

$1=-2+b$　$b=3$

したがって, $y=-2x+3$

(5) $y=ax+b$ のグラフと x 軸について線対称となる直線は, 傾きが $-a$, 切片が $-b$ になる。

よって, $y=x+12$ のグラフと x 軸について線対称となる直線は, 右の図のように, 傾きが -1, 切片が -12 となる。

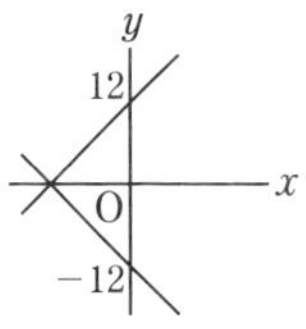

したがって, $y=-x-12$

Check Point
(3) 1次関数のグラフについて,
2直線が平行⇒傾きが等しい
直線が $(0, a)$ を通る⇒切片が a

4 1次関数 $y=ax+b$ のグラフは, 傾き a, 切片 b の直線である。

(1) $y=\dfrac{1}{2}x+1$

x	0	2
y	1	2

よって, 2点 $(0, 1)$, $(2, 2)$ を通る直線である。

(2) $y=-x+2$

x	0	2
y	2	0

よって, 2点 $(0, 2)$, $(2, 0)$ を通る直線である。

(3) $y=2x-4$　$(0\leqq x\leqq4)$

x	0	4
y	-4	4

よって, 2点 $(0, -4)$, $(4, 4)$ を結ぶ線分である。

5 (1) $y=ax+4$ に，$x=2$，$y=3$ を代入して，$3=a\times2+4$　$a=-\frac{1}{2}$

$y=-\frac{1}{2}x+4$ に，$x=4$，$y=b$ を代入して，$b=-\frac{1}{2}\times4+4=2$

よって，$a=-\frac{1}{2}$，$b=2$

(2) $y=x+b$ が点 A(2, 1) を通るとき，
$1=2+b$　$b=-1$
$y=x+b$ が点 B(−1, 4) を通るとき，
$4=-1+b$　$b=5$
よって，b の値の範囲は，$-1\leqq b\leqq5$

(3) 傾きが $-\frac{3}{2}$ だから，$x=2$ のとき y は最小で -2，$x=-3$ のとき y は最大で b

よって，$-2=-\frac{3}{2}\times2+a$ より，$a=1$

$b=-\frac{3}{2}\times(-3)+a$ に $a=1$ を代入して，$b=\frac{9}{2}+1=\frac{11}{2}$

ミス注意！ 1次関数 $y=ax+b$ について，
$a>0$ のとき，グラフは右上がり
$a<0$ のとき，グラフは右下がり

($a>0$)　　($a<0$)

x が増加すると，y も増加する。　x が増加すると，y は減少する。

6 (1) 直線 AB は 2 点 (8, 0)，(0, 6) を通るから，変化の割合は，

$\frac{6-0}{0-8}=-\frac{6}{8}=-\frac{3}{4}$

また，(0, 6) を通ることより切片が 6 だから，$y=-\frac{3}{4}x+6$

別解　直線 AB の式を $y=ax+b$ とおくと，2 点 (8, 0)，(0, 6) を通るから，
$x=8$，$y=0$ を代入して，
$0=a\times8+b$ ……①
$x=0$，$y=6$ を代入して，
$6=b$ ……②
①に②を代入して，$0=8a+6$

$8a=-6$　$a=-\frac{3}{4}$

よって，$y=-\frac{3}{4}x+6$

(2) 直線 QR が直線 AB と平行になるとき，変化の割合が等しい。

点 P は(1)より，$y=-\frac{3}{4}x+6$ 上にあるので，Q(q, 0) とおくと，

$R\left(0,\ -\frac{3}{4}q+6\right)$

変化の割合は，

$\left\{\left(-\frac{3}{4}q+6\right)-0\right\}\div(0-q)$

$=\left(-\frac{3}{4}q+6\right)\div(-q)=-\frac{3}{4}$

$-\frac{3}{4}q+6=\frac{3}{4}q$　$-\frac{6}{4}q=-6$　$q=4$

直線 QR の切片は点 R の y 座標だから，$-\frac{3}{4}\times4+6=3$

よって，直線 QR は傾き $-\frac{3}{4}$，切片 3 の直線なので，式は，$y=-\frac{3}{4}x+3$

Check Point
1次関数 $y=ax+b$ と平行な直線は，傾き (a) が等しい。

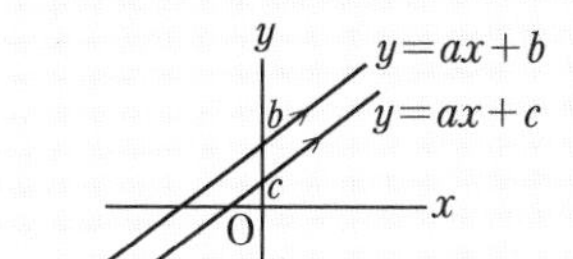

第3日 方程式とグラフ

例題の解法 p.12〜13

例題1 ①$4x$ ②3 ③2 ④2 ⑤2

例題2 ①$-\frac{1}{2}$ ②6 ③2 ④2

例題3 ①1 ②4 ③5 ④-1 ⑤6 ⑥6 ⑦4 ⑧12

入試実戦テスト p.14〜15

1 (1)$x=-3$ (2)-1
(3)$(2,\ 1)$

2

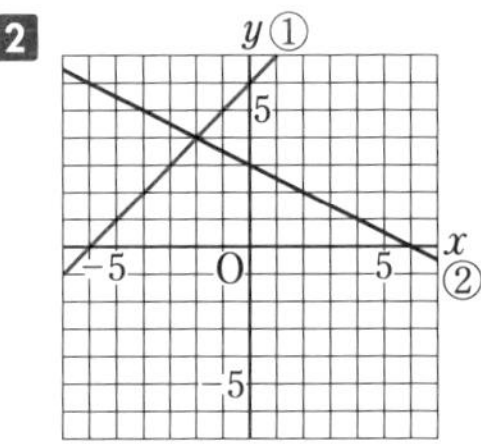

$x=-2,\ y=4$

3 $P(-2,\ 3)$

4 $A\left(\frac{4}{3},\ \frac{26}{3}\right)$

5 (1)$B(2,\ 9)$ (2)$y=-\frac{1}{2}x+5$
(3)15

6 (1)$a=-\frac{3}{4}$ (2)$D\left(\frac{5}{2},\ 3\right)$
(3)$\frac{5}{2}$倍

7 (1)$b=7$ (2)$C(-6,\ 4)$
(3)$y=\frac{1}{3}x+6$

解説

1 (1)グラフは右の図のようになるから，直線の式は，
$x=-3$

(−3, 0)　y　x　O

(2)$3x-5y=5$ の式を y について解くと，
$-5y=-3x+5$　$y=\frac{3}{5}x-1$
したがって，切片は -1

(3)連立方程式 $\begin{cases} y=3x-5 & \cdots\cdots① \\ y=-2x+5 & \cdots\cdots② \end{cases}$ を解く。①を②に代入して，
$3x-5=-2x+5$　$5x=10$　$x=2$
これを①に代入して，$y=3\times2-5=1$
よって，交点の座標は $(2,\ 1)$

Check Point
(1)「$x=k$」の式⇒ y 軸に平行
「$y=k$」の式⇒ x 軸に平行

2 ①のグラフは，傾き1，切片6の直線になる。①と②の連立方程式の解は，それらのグラフの交点の座標である。

3 点Pは直線 ℓ，m の交点だから，連立方程式
$\begin{cases} y=\frac{1}{2}x+4 & \cdots\cdots① \\ y=-\frac{1}{2}x+2 & \cdots\cdots② \end{cases}$ を解く。
①を②に代入して，
$\frac{1}{2}x+4=-\frac{1}{2}x+2$　$x=-2$
これを①に代入して，
$y=\frac{1}{2}\times(-2)+4=3$
よって，$P(-2,\ 3)$

4 直線 ℓ は，$(0,\ 6)$ を通るので，切片は6になる。したがって，$y=ax+6$ とおく。
$(-3,\ 0)$ を通るので，$x=-3$，$y=0$ を代入して，$0=-3a+6$　$3a=6$　$a=2$
よって，直線 ℓ は，$y=2x+6$

同じようにして，直線 m は $y=ax+10$
(10, 0) を通るので，$0=10a+10$
$a=-1$
よって，直線 m は，$y=-x+10$
直線 ℓ，m の交点の座標は，

連立方程式 $\begin{cases} y=2x+6 & \cdots\cdots① \\ y=-x+10 & \cdots\cdots② \end{cases}$ を解く。①を②に代入して，

$2x+6=-x+10 \quad 3x=4 \quad x=\dfrac{4}{3}$

これを②に代入して，

$y=-\dfrac{4}{3}+10 \quad y=\dfrac{26}{3}$

したがって，交点 $A\left(\dfrac{4}{3}, \dfrac{26}{3}\right)$

5 (1) OA∥CB，OA＝CB となる点 B を求める。
点 A は原点 O から右へ 4，上へ 3 だけ移動した点である。
したがって，点 C(−2, 6) から右へ 4，上へ 3 だけ移動すると，
B(−2＋4, 6＋3)
つまり，B(2, 9)

(2) 求める直線の式を $y=ax+b$ とすると，

$a=(\text{変化の割合})=\dfrac{3-6}{4-(-2)}=-\dfrac{1}{2}$

よって，$y=-\dfrac{1}{2}x+b$

この式に $x=4$，$y=3$ を代入して，

$3=-\dfrac{1}{2}\times4+b \quad b=5$

したがって，$y=-\dfrac{1}{2}x+5$

(3) (2)で求めた直線 AC が y 軸と交わる点を D とすると，
OD＝5 だから，
△OAC
＝△OAD＋△OCD
$=\dfrac{1}{2}\times5\times4+\dfrac{1}{2}\times5\times2=15$

6 (1) 点 C の座標は，$y=-2x+8$ の式に $y=0$ を代入して，$0=-2x+8$
$x=4$ よって，C(4, 0)
$y=ax+3$ のグラフも点 C を通るので，$x=4$，$y=0$ を代入して，

$0=4a+3 \quad a=-\dfrac{3}{4}$

(2) 点 E は $y=ax+3$ のグラフの切片だから，E(0, 3)
BD は x 軸に平行だから，D の y 座標も 3
よって，$y=-2x+8$ に $y=3$ を代入して，$3=-2x+8 \quad 2x=5 \quad x=\dfrac{5}{2}$

したがって，$D\left(\dfrac{5}{2}, 3\right)$

(3) E(0, 3)，C(4, 0) より，

$\triangle EOC=\dfrac{1}{2}\times3\times4=6$

$D\left(\dfrac{5}{2}, 3\right)$ より，

$\text{▱}ABCD=\triangle DEC\times4$
$=\dfrac{1}{2}\times\dfrac{5}{2}\times3\times4=15$

したがって，$\dfrac{\text{▱}ABCD}{\triangle EOC}=\dfrac{15}{6}=\dfrac{5}{2}$(倍)

7 (1) 直線 $y=\dfrac{1}{2}x+b$ が
点 B(−14, 0) を通るから，$x=-14$，$y=0$ を代入して，$0=\dfrac{1}{2}\times(-14)+b$

$b=7$

(2) 連立方程式 $\begin{cases} y=-x-2 & \cdots\cdots① \\ y=\dfrac{1}{2}x+7 & \cdots\cdots② \end{cases}$ を解く。①を②に代入して，

$-x-2=\dfrac{1}{2}x+7 \quad -\dfrac{3}{2}x=9 \quad x=-6$

これを①に代入して，
$y=-(-6)-2=4$
よって，C(−6, 4)

(3)

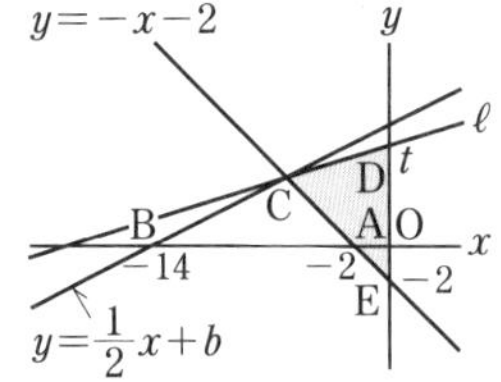

直線 ℓ と y 軸との交点を D(0, t) とする。

A(−2, 0), B(−14, 0), C(−6, 4) だから,

$\triangle ABC=\frac{1}{2}\times\{-2-(-14)\}\times4=24$

前のグラフから, D(0, t), E(0, −2), C(−6, 4) だから,

$\triangle CDE=\frac{1}{2}\times\{t-(-2)\}\times\{0-(-6)\}$
$=3(t+2)$

よって, $3(t+2)=24$　$t=6$

直線 ℓ は切片 D(0, 6) と点 C(−6, 4) を通るので,

$y=ax+6$ に $x=-6$, $y=4$ を代入して, $4=-6a+6$　$6a=2$　$a=\frac{1}{3}$

よって, 直線 ℓ の式は, $y=\frac{1}{3}x+6$

第4日 1次関数の利用 ①

例題の解法 p.16〜17

例題 1 ① $a+3$　② x　③ A

例題 2 ① 3　② 5　③ 5　④ 5　⑤ $\frac{12}{25}$

例題 3 ① x　② x　③ 8　④ $(12-x)$　⑤ $(12-x)$

入試実戦テスト p.18〜19

1 $\frac{4}{3}$

2 (1) 2 点 B, C の間の距離…12
点 A と直線 BC との距離…8

(2) $y=\frac{23}{25}x-\frac{23}{5}$

3

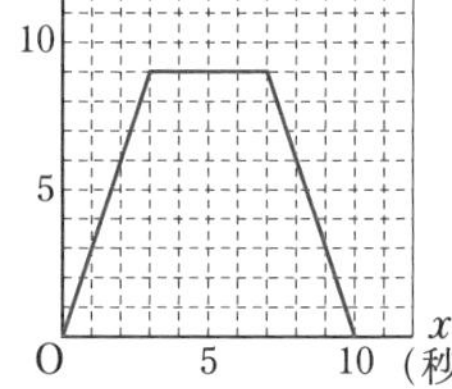

4 (1) $y=16$　(2) $y=4x$
(3) イ　(4) 9 秒後と 14 秒後

5 (1) $b=4$　(2) ① $\frac{8}{3}$　② $k=2$, 6

解説

1 D(d, 0) とおく。

点 E は点 D と x 座標が等しく, 直線 AC($y=-x+4$) 上にあるから,

E(d, $-d+4$)

点 F は点 E と y 座標が等しく, 直線 AB($y=x+4$) 上にあるから,

$F(-d,\ -d+4)$

DE=FE だから，$-d+4=d-(-d)$

これを解いて，$d=\frac{4}{3}$

2 (1)点Bのx座標は10だから，

$y=\frac{1}{2}x+2$ に $x=10$ を代入して，

$y=\frac{1}{2}\times10+2=7$　よって，B(10, 7)

点Cのx座標も10だから，

$y=-x+5$ に $x=10$ を代入して，

$y=-10+5=-5$　よって，

C(10, −5)

2点B，C間の距離は，$7-(-5)=12$

点Aは2つの直線の交点だから，連立方程式 $\begin{cases} y=\frac{1}{2}x+2 & \cdots\cdots① \\ y=-x+5 & \cdots\cdots② \end{cases}$ を解く。①を②に代入して，

$\frac{1}{2}x+2=-x+5$　$\frac{3}{2}x=3$　$x=2$

これを②に代入して，$y=-2+5=3$

よって，A(2, 3)

直線BCの式は $x=10$ だから，点Aと直線BCの距離は，$10-2=8$

(2)$y=-x+5$ に $y=0$ を代入して，

$x=5$　よって，D(5, 0)

△ACBの底辺をBC，高さを点Aと直線BCとの距離とすると，

△ACBの面積は，$\frac{1}{2}\times12\times8=48$

求める直線が直線BCと交わる点をE(10, t)とし，△DCEの底辺をEC，高さを点Dと線分ECとの距離とすると，

$\triangle DCE=\frac{1}{2}\times\{t-(-5)\}\times(10-5)$

$=\frac{48}{2}$

$5(t+5)=48$　$5t+25=48$　$5t=23$

$t=\frac{23}{5}$

よって，求める直線はD(5, 0)と

$E\left(10,\ \frac{23}{5}\right)$を通る直線である。

直線DEの傾きは，

$\frac{23}{5}\div(10-5)=\frac{23}{25}$ より，求める式は

$y=\frac{23}{25}x+b$ とおける。D(5, 0)を代入すると，

$0=\frac{23}{25}\times5+b$　$b=-\frac{23}{5}$

よって，$y=\frac{23}{25}x-\frac{23}{5}$

3 $0\leqq x\leqq3$ のとき，底面DEF，高さx cmの三角錐(さんかくすい)の体積は，

$y=\frac{1}{3}\times9\times x=3x$

$3\leqq x\leqq7$ のとき，底面DEF，高さ3 cmの三角錐の体積は，

$y=\frac{1}{3}\times9\times3=9$

$7\leqq x\leqq10$ のとき，底面DEF，高さ$(10-x)$ cmの三角錐の体積は，

$y=\frac{1}{3}\times9\times(10-x)=-3x+30$

それぞれの式を変域の範囲でグラフに表せばよい。

4 (1)AP=4 cm だから，

$\triangle APC=\frac{1}{2}\times4\times8=16(cm^2)$

よって，$y=16$

(2)底辺x cm，高さ8 cmだから，

$y=\frac{1}{2}\times x\times8=4x$

(3)$0\leqq x\leqq12$ のとき，$y=4x$

$12\leqq x\leqq20$ のとき，底辺$(20-x)$ cm，高さ12 cmだから，

$y=\frac{1}{2}\times(20-x)\times12=-6x+120$

これらが表されているグラフとして最も適するものは，**イ**である。

(4) $0 \leqq x \leqq 12$ のとき，$y=4x$ に $y=36$ を代入して，

$36=4x \quad x=9$

$12 \leqq x \leqq 20$ のとき，$y=-6x+120$ に $y=36$ を代入して，

$36=-6x+120 \quad 6x=84 \quad x=14$

どちらの解も，x の変域条件を満たす。

5 (1) 点Aは，$y=3x$ のグラフ上にあり，x 座標が1より，$y=3x$ に $x=1$ を代入して，

$y=3\times1=3$

よって，A(1，3)

点Aは $y=-x+b$ のグラフ上にもあるから，$y=-x+b$ に $x=1$，$y=3$ を代入して，

$3=-1+b \quad b=4$

(2) 点Pを通り，x 軸に平行な直線の式は，$y=k$ である。

① $k=1$ より，P，Q，Rの y 座標はすべて1である。

Qは直線 $y=3x$ 上にあるから，

$1=3x \quad x=\frac{1}{3}$ より，$\mathrm{Q}\left(\frac{1}{3},\ 1\right)$

Rは直線 $y=-x+4$ 上にあるから，

$1=-x+4 \quad x=3$ より，R(3，1)

$\triangle \mathrm{AQR}=\frac{1}{2}\times\left(3-\frac{1}{3}\right)\times(3-1)=\frac{8}{3}$

② P(0，k) から，①と同様に，Q，Rの y 座標はどちらも k だから，

$\mathrm{Q}\left(\frac{k}{3},\ k\right)$，$\mathrm{R}(4-k,\ k)$

$\triangle \mathrm{OQP}=\frac{1}{2}\times\frac{k}{3}\times k=\frac{k^2}{6}$ ……㋐

$k<3$ のとき，

$$\begin{aligned}\triangle \mathrm{AQR}&=\frac{1}{2}\times\left(4-k-\frac{k}{3}\right)\times(3-k)\\&=\frac{1}{2}\left(4-\frac{4}{3}k\right)(3-k)\\&=\frac{1}{2}\times\frac{4}{3}\left(4\times\frac{3}{4}-\frac{4}{3}k\times\frac{3}{4}\right)(3-k)\\&=\frac{2}{3}(3-k)(3-k)\\&=\frac{2}{3}(3-k)^2 \quad \cdots\cdots ㋑\end{aligned}$$

これは，$k>3$ のときも同様である。

㋐，㋑より，$\frac{k^2}{6}=\frac{2}{3}(3-k)^2$

$k^2=4(3-k)^2 \quad k^2=4(9-6k+k^2)$

$k^2=36-24k+4k^2 \quad 3k^2-24k+36=0$

$k^2-8k+12=0 \quad (k-2)(k-6)=0$

$k=2$，$k=6$

$k>0$ より，どちらの解も条件を満たす。

第5日　1次関数の利用 ②

例題の解法　p.20～21

例題1　①3　②60　③90

例題2　①$\frac{1}{15}$　②4　③6　④36

⑤$\frac{12}{5}$

例題3　①1500　②2　③2　④2

⑤15　⑥15

入試実戦テスト　p.22～23

1　(1)下の図　(2)6 分後

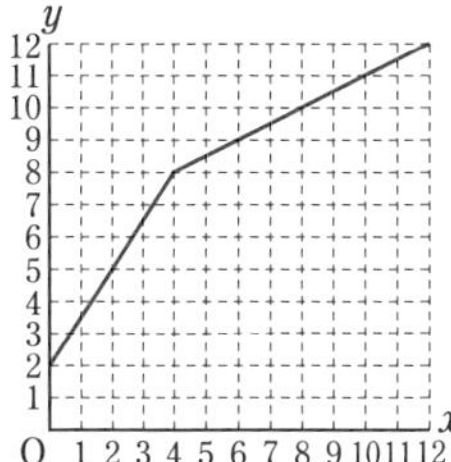

2　(1)下の図

(2)グラフは下の図，15 分後

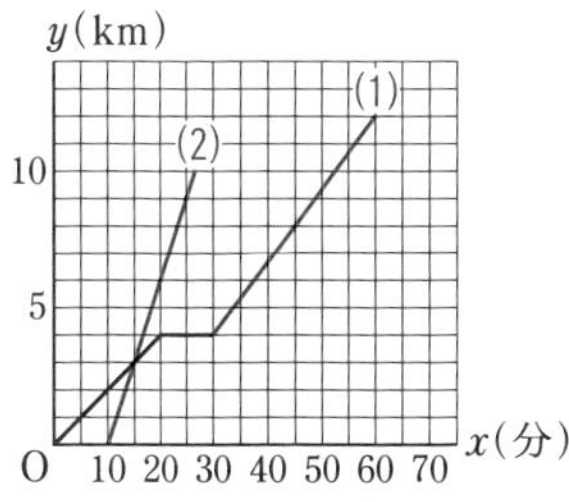

3　(1)A さん…$y=-\frac{2}{15}x+2$

B さん…$y=\frac{1}{5}x-2$

(2)(1)で求めた 2 つのグラフの交点が，2 人が初めて出会うときだから，2 つの式を連立方程式として解く。

$$\begin{cases} y=-\frac{2}{15}x+2 & \cdots\cdots① \\ y=\frac{1}{5}x-2 & \cdots\cdots② \end{cases}$$

とおき，①を②に代入して，

$-\frac{2}{15}x+2=\frac{1}{5}x-2$

$-2x+30=3x-30$

$-5x=-60$

$x=12$　これを②に代入して，

$y=\frac{1}{5}\times12-2=\frac{2}{5}$

答　$\frac{2}{5}$ km(0.4 km)

(3)9 時 42 分

(4)$\frac{28}{5}$ km(5.6 km)

解説

1　(1)給水を始めてから 4 分後までは，A の水そうは毎分 1.5 m^3 ずつの給水だけで，はじめ 2 m^3 水が入っていたので，$y=1.5x+2$ $(0\leqq x\leqq4)$ のグラフになる。

4 分後からは，毎分 1 m^3 排水されるので，毎分 $1.5-1=0.5\ (m^3)$ の水が増えることになる。

よって，グラフの式を $y=0.5x+b$ とおくと，$x=4$，$y=8$ を通るので，これらを代入して，$8=0.5\times4+b$

$b=6$　したがって，$y=0.5x+6$ $(4\leqq x\leqq12)$ のグラフになる。

(2)B の水そうは 0 m^3 から毎分 1.5 m^3 ずつ給水されるので，$y=1.5x$

A，B が同じ水の量になる時間を求めるには，連立方程式

$\begin{cases} y=0.5x+6 & \cdots\cdots① \\ y=1.5x & \cdots\cdots② \end{cases}$ を解く。①を②に代入すると，

$0.5x+6=1.5x \quad 5x+60=15x$
$-10x=-60 \quad x=6$
これは，$4 \leqq x \leqq 12$ の条件を満たす。
したがって，6 分後となる。

2 (1) 休憩(きゅうけい)した公園から A 地点まで，
$12-4=8$(km)
時速 16 km で進むと，
$8 \div 16=0.5$(時間)
つまり 30 分で A 地点に着く。
よって，(30，4) と (60，12) を結ぶ。

(2) 自動車の速さは $\frac{36}{60}=\frac{3}{5}$(km/min)
$y=\frac{3}{5}x+b$ に $x=10$，$y=0$ を代入して，$0=\frac{3}{5} \times 10+b \quad b=-6$
$y=\frac{3}{5}x-6$ のグラフをかくと，一郎さんのグラフと (15，3) で交わる。
よって，15 分後である。

3 (1) A さんは，30 分で 1 km を 2 往復し 4 km 走った。よって，走った速さは，$4 \div 30=\frac{2}{15}$(km/min)
したがって，Q 地点から P 地点に戻るときのグラフの傾きは，$-\frac{2}{15}$
また，A さんが 1 往復して P 地点に戻ってくるのは $30 \div 2=15$(分) のときである。よって，グラフは (15，0) を通る。
式を $y=-\frac{2}{15}x+b$ とおくと，
$x=15$，$y=0$ を代入して，
$0=-\frac{2}{15} \times 15+b \quad b=2$
よって，$y=-\frac{2}{15}x+2$
B さんは，20 分で 1 km を 2 往復し 4 km 走った。よって，走った速さは，
$4 \div 20=\frac{1}{5}$(km/min)
したがって，P 地点から Q 地点までのグラフの傾きは，$\frac{1}{5}$
また，9 時 10 分に P 地点を出発しているから，グラフは (10，0) を通る。
式を $y=\frac{1}{5}x+c$ とおくと，
$x=10$，$y=0$ を代入して，
$0=\frac{1}{5} \times 10+c \quad c=-2$
よって，$y=\frac{1}{5}x-2$

(3) まず，9 時 30 分以降に 2 人が出会った時刻を知るため，A さんが 30 分以降 B さんと出会うまでのグラフと，B さんが 3 回目に Q 地点を折り返した後 A さんと出会うまでのグラフの交点を求める。
B さんが P 地点から Q 地点まで走るのにかかる時間は，$20 \div 4=5$(分)
よって，B さんが最後に Q 地点を折り返したのは，
$30+5=35$(分)
B さんのグラフの式は，傾きが $-\frac{1}{5}$，(35，1) を通るから，$y=-\frac{1}{5}x+d$ とおくと，$x=35$，$y=1$ を代入して，
$1=-\frac{1}{5} \times 35+d \quad d=8$
よって，$y=-\frac{1}{5}x+8$ ……①
A さんのグラフの式は，傾きが $\frac{2}{15}$，(30，0) を通るから，$y=\frac{2}{15}x+e$ とおくと，$x=30$，$y=0$ を代入して，
$0=\frac{2}{15} \times 30+e \quad e=-4$
よって，$y=\frac{2}{15}x-4$ ……②
①と②を連立方程式として解く。
①を②に代入すると，

$-\frac{1}{5}x+8=\frac{2}{15}x-4$

$-3x+120=2x-60$

$-5x=-180 \quad x=36$

これを①に代入して,

$y=-\frac{1}{5}\times 36+8=\frac{4}{5}$

よって，交点は $\left(36,\ \frac{4}{5}\right)$

A さんが 9 時 36 分に B さんと出会ってから P 地点に戻るまでの時間は，A さんが 9 時 30 分に P 地点を出発して B さんと出会うまでの時間と同じだから，

$36-30=6$(分)

よって，$36+6=42$(分)

別解 9 時 30 分以降に 2 人が出会った時刻は，以下のようにも求められる。

9 時 30 分から t 分後に 2 人が出会ったとする。t 分間に 2 人の走った距離の合計は，PQ 間の 1 往復分に等しいので，

$\frac{2}{15}t+\frac{1}{5}t=2 \quad 2t+3t=30 \quad t=6$

よって，2 人は 9 時 30 分の 6 分後である 9 時 36 分に出会ったとわかる。

(4) 1 往復目と 2 往復目はどちらも $1\times 2=2$(km)，3 往復目は $\frac{4}{5}\times 2=\frac{8}{5}$(km) 走った。よって，

$2+2+\frac{8}{5}=\frac{28}{5}$(km)

第6日 関数 $y=ax^2$ とグラフ

例題の解法 p.24〜25

例題 1 ① $2x^2$

例題 2 ① ax^2 ② 4

例題 3 ① y 軸 ② 上 ③ 下 ④ x 軸 ⑤ 2 ⑥ 2 ⑦ -8 ⑧ -8

例題 4 ① $\frac{1}{2}$ ② 4 ③ 12

入試実戦テスト p.26〜27

1 (1) A，D (2) $y=3x^2$

(3) ① イ ② ア ③ ウ

(4) $\frac{3}{2}$

2 $a=\frac{1}{4}$

3 (1) $C(-4,\ 8)$ (2) $6\sqrt{2}$ (3) 36

4 (1) $a=3$ (2) $b=-2$ (3) $\sqrt{34}$

5 (1) $a=\frac{1}{2}$

(2) 点 C の座標は $y=\frac{1}{2}x^2$ に $x=-1$ を代入して，

$y=\frac{1}{2}\times(-1)^2=\frac{1}{2}$

よって，$C\left(-1,\ \frac{1}{2}\right)$

点 D の座標は $y=\frac{1}{2}x^2$ に $x=2$ を代入して，

$y=\frac{1}{2}\times 2^2=2$

よって，$D(2,\ 2)$

四角形 ACDB を AD を底辺とする 2 つの三角形に分けて,

四角形 ACDB

$$=\triangle ADB+\triangle ADC$$

$$=\frac{1}{2}\times\{2-(-2)\}\times\left(\frac{9}{2}-2\right)+\frac{1}{2}\times\{2-(-2)\}\times\left(2-\frac{1}{2}\right)$$

$$=\frac{1}{2}\times4\times\frac{5}{2}+\frac{1}{2}\times4\times\frac{3}{2}$$

$=5+3=8$　　㊟ 8

解説

1 (1) $y=-\frac{1}{2}x^2$ を右辺と左辺に分けて，点 A，B，C，D の x 座標，y 座標をそれぞれ代入して，成り立つかどうかを調べる。
点 A は，$x=4$，$y=-8$ を代入して，
左辺$=y=-8$
右辺$=-\frac{1}{2}x^2=-\frac{1}{2}\times4^2=-8$
よって，左辺＝右辺 が成り立つ。
同様に点 D も成り立つ。

(2) y は x の 2 乗に比例するから $y=ax^2$
この式に $x=-2$，$y=12$ を代入して，
$12=a\times(-2)^2$　$12=4a$　$a=3$
よって，$y=3x^2$

(3) ①，②は放物線が上に開いているから，比例定数が正の数の**ア**か**イ**である。比例定数の絶対値が大きいほど，グラフの開き方は小さいから，①が**イ**，②が**ア**である。③は放物線が下に開いているから比例定数が負の数の**ウ**である。

(4) Q の座標を $(t,\ 0)$ とすると，P の y 座標は，$y=2x^2$ に $x=t$ を代入して，
$y=2t^2$ より，$P(t,\ 2t^2)$
$OQ=t$，$PQ=2t^2$ だから，
$t+2t^2=6$　$2t^2+t-6=0$

$$t=\frac{-1\pm\sqrt{1^2-4\times2\times(-6)}}{2\times2}=\frac{-1\pm\sqrt{49}}{4}=\frac{-1\pm7}{4}$$

$t>0$ より，$t=\frac{3}{2}$

Check Point

(1) 関数 $y=ax^2$ のグラフ上に，点 $(p,\ q)$ があるかどうかを調べるには，左辺と右辺に分けてそれぞれ $x=p$，$y=q$ を代入して，
左辺＝右辺 が成り立つかをみればよい。

2 点 A の座標は $y=x^2$ に $x=2$ を代入して，$y=2^2=4$ だから，$A(2,\ 4)$
よって，点 B の座標は $B(4,\ 4)$
$y=ax^2$ に $x=4$，$y=4$ を代入して，
$4=a\times4^2$　$a=\frac{1}{4}$

3 (1) 点 A の座標 $(2,\ 2)$ を $y=ax^2$ に代入して，$2=a\times2^2$　$2=4a$ より，$a=\frac{1}{2}$
点 C は y 軸について点 B と対称だから，点 C の x 座標は -4
これを $y=\frac{1}{2}x^2$ に代入して，
$y=\frac{1}{2}\times(-4)^2=8$
よって，$C(-4,\ 8)$

(2) 点 D は y 軸について点 A と対称だから，$D(-2,\ 2)$
また，$B(4,\ 8)$ だから

$$BD=\sqrt{\{4-(-2)\}^2+(8-2)^2}=\sqrt{36+36}=\sqrt{72}=6\sqrt{2}$$

(3) 線分 CB，DA と y 軸との交点をそれぞれ P，Q とすると，
四角形 OBCD
$=\triangle OBP+$ 台形 PCDQ $+\triangle QDO$

$$=\frac{1}{2}\times8\times4+\frac{1}{2}\times(4+2)\times6+\frac{1}{2}\times2\times2$$

$=36$

Check Point

(2) 2点 $P(a,\ b)$，$Q(c,\ d)$ があるとき，$PQ=\sqrt{(a-c)^2+(b-d)^2}$

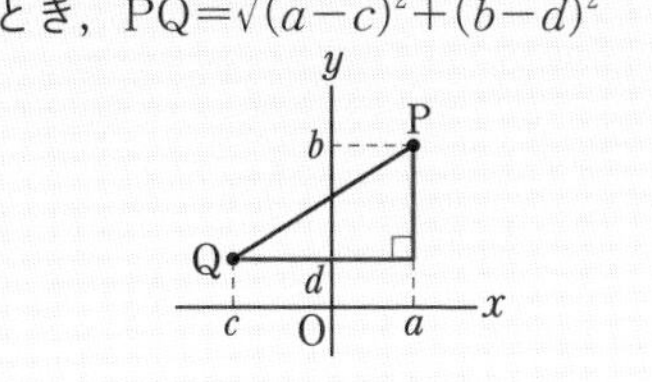

4 (1) $y=ax^2$ に $A(1,\ 3)$ の値を代入して，
$3=a\times1^2 \quad a=3$

(2) $x=4$，$y=-8$ を $y=cx^2$ に代入して，
$-8=c\times4^2 \quad c=-\dfrac{1}{2}$

$y=-\dfrac{1}{2}x^2$ で，$x=-2$ のとき，$y=b$

だから，$b=-\dfrac{1}{2}\times(-2)^2=-2$

(3) $AB=\sqrt{\{1-(-2)\}^2+\{3-(-2)\}^2}$
$=\sqrt{3^2+5^2}=\sqrt{34}$

5 (1) $y=ax^2$ に $A(-2,\ 2)$ の値を代入して，$2=a\times(-2)^2 \quad a=\dfrac{1}{2}$

(2) 別解 四角形ACDB
$=\triangle ADB+\triangle ADC$
$=\dfrac{1}{2}\times\{2-(-2)\}\times\left(\dfrac{9}{2}-\dfrac{1}{2}\right)$
$=\dfrac{1}{2}\times4\times\dfrac{8}{2}=8$

第7日 関数 $y=ax^2$ の変化の割合と変域

例題の解法 p.28～29

例題1 ①3 ②27 ③12

例題2 ①$16a$ ②-2 ③$16a$
④-2 ⑤$-\dfrac{1}{3}$ ⑥4
⑦$-\dfrac{1}{3}$

例題3 ①1 ②0 ③$\dfrac{9}{4}$ ④0

例題4 ①-12 ②-12 ③0
④-4

入試実戦テスト p.30～31

1 (1) $0\leqq y\leqq4$
(2) $a=-9$，$b=0$
(3) $c=-4$，$d=0$
(4) ① $y=2$ ② $k=-3$

2 (1) -4 (2) $a=\dfrac{4}{5}$
(3) $a=\dfrac{6}{7}$

3 $1\leqq a\leqq2$

4 (1) $a=\dfrac{1}{4}$ (2) $\dfrac{5}{4}$

5 (1) $a=\dfrac{1}{4}$ (2) $a=\dfrac{3}{10}$
(3) $t=\dfrac{8}{5}$

解説

1 (1) $y=x^2$

x	-2	0	1
y	4	0	1

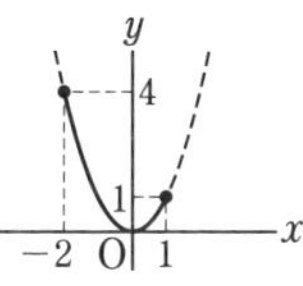

よって，y の変域は，$0\leqq y\leqq4$

(2) $y=-x^2$

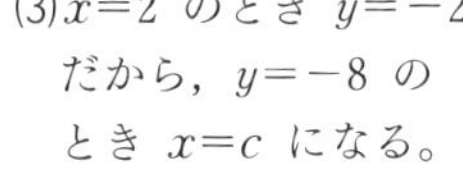

x	-2	0	3
y	-4	0	-9

y の変域が

$-9 \leqq y \leqq 0$ より，

$a=-9$，$b=0$

(3) $x=2$ のとき $y=-2$ だから，$y=-8$ のとき $x=c$ になる。

$y=-\frac{1}{2}x^2$ にこれを代入して，

$-8=-\frac{1}{2}c^2$　$c^2=16$　$c=\pm 4$

x の変域より $c<2$ なので，$c=-4$

したがって，右上のグラフより，

y の変域は，$-8 \leqq y \leqq 0$

よって，$c=-4$，$d=0$

(4) ① $y=2x^2$ に $x=1$ を代入して，$y=2$

② $x=1$ のとき $y=2$ だから，$x=k$ のとき $y=18$ になる。

これを代入して，$18=2k^2$　$k=\pm 3$

x の変域より $k<1$ なので，$k=-3$

ミス注意！ (1) において，$x=-2$ のとき $y=4$，$x=1$ のとき $y=1$ だから，y の変域を $1 \leqq y \leqq 4$ としやすい。
$x=0$ のとき $y=0$（最小値）なので，$0 \leqq y \leqq 4$ となる。
グラフをかいて考えよう。

2 (1) $y=-\frac{4}{9}x^2$

変化の割合は，右の対応表より，

x	3	6
y	-4	-16

$\frac{-16-(-4)}{6-3}=-\frac{12}{3}=-4$

別解 $y=-\frac{4}{9}x^2$ について，x の値が 3 から 6 まで増加するときの変化の割合は，$-\frac{4}{9}\times(3+6)=-4$

(2) (変化の割合) $=\frac{16a-a}{4-1}=\frac{15a}{3}=5a$

$5a=4$ より，$a=\frac{4}{5}$

別解 $a\times(1+4)=4$　$5a=4$

$a=\frac{4}{5}$

(3) $y=ax^2$ について，

(変化の割合) $=\frac{25a-4a}{5-2}=\frac{21a}{3}=7a$

$y=6x+5$ の変化の割合は 6 だから，

$7a=6$　$a=\frac{6}{7}$

別解 $a\times(2+5)=6$　$a=\frac{6}{7}$

Check Point

関数 $y=ax^2$ について，x の値が p から q まで増加するときの変化の割合は

$\frac{aq^2-ap^2}{q-p}=\frac{a(q+p)(q-p)}{q-p}$ だから，

$a(p+q)$ である。

3 点 A の座標は $x=-2$ より，

$(-2,\ 2)$

点 B の座標は $x=4$ より，$(4,\ 8)$

点 C の座標は $x=6$ より，$(6,\ 18)$

直線 ℓ が点 B を通るとき，傾き a は最小になり，$a=\frac{8-2}{4-(-2)}=\frac{6}{6}=1$

直線 ℓ が点 C を通るとき，傾き a は最大になり，$a=\frac{18-2}{6-(-2)}=\frac{16}{8}=2$

よって，$1 \leqq a \leqq 2$

4 (1) $\frac{a\times 5^2-a\times(-1)^2}{5-(-1)}=1$

$4a=1$　$a=\frac{1}{4}$

別解 $a\times(-1+5)=1$　$a=\frac{1}{4}$

(2) 直線 AB は傾き 1 で，

点 $A\left(-1,\ \frac{1}{4}\right)$ を通る直線だから，

$y=x+b$ に $x=-1$，$y=\frac{1}{4}$ を代入して，$\frac{1}{4}=-1+b$　$b=\frac{5}{4}$ より，$C\left(0,\ \frac{5}{4}\right)$

5 (1) $y=-\frac{1}{4}x^2$ と x 軸について対称だから，比例定数 $-\frac{1}{4}$ と絶対値が等しく，符号が反対になるので，$a=\frac{1}{4}$

(2) ①について，

$(\text{変化の割合})=\frac{16a-a}{4-1}=5a$

②について，

$(\text{変化の割合})=\frac{-1-(-4)}{(-2)-(-4)}=\frac{3}{2}$

$5a=\frac{3}{2}$ より，$a=\frac{3}{10}$

別解 $a\times(1+4)=-\frac{1}{4}\times\{-4+(-2)\}$

$5a=\frac{3}{2}$　$a=\frac{3}{10}$

(3)

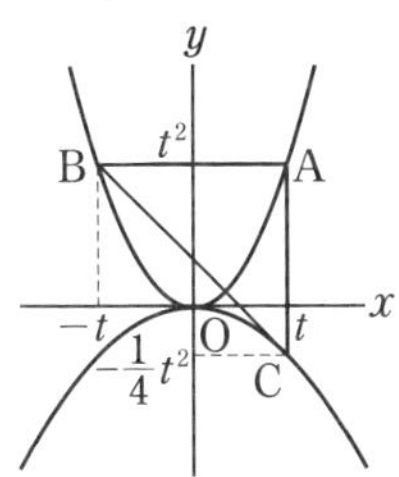

$AB=t-(-t)=2t$

$AC=t^2-\left(-\frac{1}{4}t^2\right)=\frac{5}{4}t^2$

$AB=AC$ より，$2t=\frac{5}{4}t^2$

$5t^2-8t=0$　$t(5t-8)=0$

よって，$t=0$，$t=\frac{8}{5}$

$t>0$ より，$t=\frac{8}{5}$

第8日　放物線と直線，双曲線

例題の解法 p.32〜33

例題 1 ①8　②2　③2　④2

例題 2 ①$\frac{1}{2}$　②$\frac{1}{2}$　③1　④4

例題 3 ①−1　②2　③−1　④2　⑤2　⑥(−1)　⑦2

入試実戦テスト p.34〜35

1 $a=\frac{1}{2}$，$b=-\frac{3}{2}$，$c=\frac{1}{2}$

2 (1) 4　(2) $a=\frac{5}{8}$

3 (1) $y=\frac{1}{2}x+3$

(2) AC：CE＝1：3 だから，三角形と比の定理より，C の x 座標は，$x=-2\times\frac{3}{4}=-\frac{3}{2}$

点 C は直線 ℓ 上の点だから，

$y=\frac{1}{2}x+3$ に $x=-\frac{3}{2}$ を代入すると，

$y=\frac{1}{2}\times\left(-\frac{3}{2}\right)+3$　$y=\frac{9}{4}$

$C\left(-\frac{3}{2},\ \frac{9}{4}\right)$

よって，$y=ax^2$ に $x=-\frac{3}{2}$，$y=\frac{9}{4}$ を代入して，

$\frac{9}{4}=a\times\left(-\frac{3}{2}\right)^2$　$\frac{9}{4}=\frac{9}{4}a$

$a=1$　　答 $a=1$

4 (1) $B(-4,\ -2)$　(2) $a=\frac{1}{8}$

(3) $\boldsymbol{y=-\frac{1}{4}x+3}$

5 (1) **1**　(2) $\boldsymbol{y=-\frac{5}{2}x-3}$

(3) **P(12, −1)**

解説

1 $y=ax^2$ に $A\left(1,\ \frac{1}{2}\right)$ の値を代入して，

$\frac{1}{2}=a\times1^2$　$a=\frac{1}{2}$

$y=2x+b$ に $A\left(1,\ \frac{1}{2}\right)$ の値を代入して，

$\frac{1}{2}=2\times1+b$　$b=-\frac{3}{2}$

点Bは $y=\frac{1}{2}x^2$ と $y=2x-\frac{3}{2}$ の交点だから，この2つの式を連立方程式として解くと，$\frac{1}{2}x^2=2x-\frac{3}{2}$　$x^2-4x+3=0$

$(x-1)(x-3)=0$　$x=1,\ x=3$

$x=1$ は点Aの x 座標だから，点Bの x 座標は3

$y=\frac{1}{2}x^2$ に $x=3$ を代入して，

$y=\frac{1}{2}\times3^2=\frac{9}{2}$

よって，$B\left(3,\ \frac{9}{2}\right)$

$y=cx+3$ は $B\left(3,\ \frac{9}{2}\right)$ を通るから，

$x=3,\ y=\frac{9}{2}$ を代入して，

$\frac{9}{2}=c\times3+3$　$\frac{3}{2}=3c$　$c=\frac{1}{2}$

2 (1)点Bは $y=\frac{1}{4}x^2$ 上にあるので，

$x=4$ を代入して，

$y=\frac{1}{4}\times4^2=4$

(2) A(2, 1)，B(4, 4) だから，
直線ABの傾きは，

$\frac{4-1}{4-2}=\frac{3}{2}$

C(−2, 1)，D(4, 16a) だから，
直線CDの傾きは，

$\frac{16a-1}{4-(-2)}=\frac{16a-1}{6}$

AB∥CD だから，傾きが等しいので，

$\frac{3}{2}=\frac{16a-1}{6}$　$a=\frac{5}{8}$

3 (1) $y=\frac{1}{2}x^2$ に点A，Bの x 座標 −2，3 をそれぞれ代入すると，

$y=\frac{1}{2}\times(-2)^2$　$y=2$，

$y=\frac{1}{2}\times3^2$　$y=\frac{9}{2}$

よって，A(−2, 2)，$B\left(3,\ \frac{9}{2}\right)$

直線 ℓ の傾きは，

$\left(\frac{9}{2}-2\right)\div\{3-(-2)\}=\frac{5}{2}\times\frac{1}{5}=\frac{1}{2}$

直線 ℓ の式を $y=\frac{1}{2}x+b$ とおき

(−2, 2) を代入すると，

$2=\frac{1}{2}\times(-2)+b$　$b=3$

よって，$y=\frac{1}{2}x+3$

Check Point

(2) 座標上でも，三角形と比の定理 AB：BC ＝b：c が利用できる。

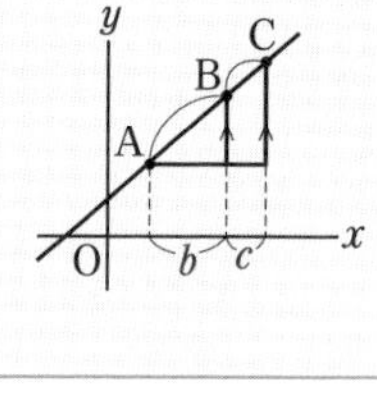

4 (1)線分ABの中点が原点Oだから，Bの x 座標を b とすると，

$\frac{4+b}{2}=0$　$b=-4$

$y=\frac{8}{x}$ に $x=-4$ を代入すると，

$y=\frac{8}{-4}=-2$　よって，B(−4, −2)

(2) 点Aは $y=\frac{8}{x}$ 上の点だから，$x=4$ を代入して，$y=\frac{8}{4}=2$ より，A(4，2)

この値を $y=ax^2$ に代入して，

$2=a\times4^2$　$a=\frac{1}{8}$

(3) 点Cは $y=\frac{1}{8}x^2$ 上の点だから，

$x=-6$ を代入して，

$y=\frac{1}{8}\times(-6)^2=\frac{9}{2}$ より，$C\left(-6,\ \frac{9}{2}\right)$

直線ACの傾きは，

$\left(2-\frac{9}{2}\right)\div\{4-(-6)\}=-\frac{5}{2}\times\frac{1}{10}$

$=-\frac{1}{4}$

直線の式を $y=-\frac{1}{4}x+b$ とおき

(4，2) を代入すると，

$2=-\frac{1}{4}\times4+b$　$b=3$

よって，$y=-\frac{1}{4}x+3$

5 (1) $y=\frac{1}{2}x^2$ について

x	0	2
y	0	2

変化の割合は，$\frac{2-0}{2-0}=1$

(2) AB∥QP なので，AB＝QP であれば四角形ABPQは平行四辺形になる。

AB＝QP＝$2-(-2)=4$ より，点Pの x 座標は4

点Pの y 座標は $y=-\frac{12}{x}$ に $x=4$ を代入して，$y=-\frac{12}{4}=-3$

よって，Q(0，−3)

直線AQの傾きは $\frac{-3-2}{0-(-2)}=-\frac{5}{2}$，

切片は −3 だから，$y=-\frac{5}{2}x-3$

(3) 点Rは $y=\frac{1}{2}x^2$ 上にあるから，

$x=1$ を代入して，

$y=\frac{1}{2}\times1^2=\frac{1}{2}$　よって，$R\left(1,\ \frac{1}{2}\right)$

直線BRの傾きは，

$\left(2-\frac{1}{2}\right)\div(2-1)=\frac{3}{2}$

直線BRの式を $y=\frac{3}{2}x+b$ とおき

(2，2) を代入すると，

$2=\frac{3}{2}\times2+b$　$b=-1$

点Qは直線BRの切片だから，

(0，−1)

したがって，点Pの y 座標は −1 となる。

点Pの x 座標は，

$y=-\frac{12}{x}$ に $y=-1$ を代入して，

$-1=-\frac{12}{x}$　$x=12$

よって，P(12，−1)

第9日 放物線と図形

例題の解法 p.36～37

例題1 ①5　②$\frac{5}{2}$　③1　④$\frac{21}{2}$

⑤$-\frac{1}{2}$　⑥$\frac{25}{4}$　⑦$-\frac{1}{2}$

⑧$\frac{25}{4}$　⑨$-\frac{25}{2}$　⑩$-\frac{25}{2}$

例題2 ①-1　②$-x$　③$-x$

④$-x$　⑤-2　⑥-2

⑦-2　⑧-2　⑨2

⑩底辺　⑪BC　⑫3

入試実戦テスト p.38～39

1 (1) A$(-2,\ 2)$　(2) $y=-3x+8$

(3) 24　(4) $y=5x$

2 (1) 2　(2) $a=\frac{1}{2}$

(3) P$(4,\ 0)$ または P$(-12,\ 16)$

3 (1) $a=\frac{1}{4}$　(2) $y=\frac{1}{2}x+2$

(3) 6　(4) $\frac{6}{5}$，6

4 (1) $a=\frac{1}{3}$

(2) ① $-\frac{1}{3}t^2+\frac{16}{3}$

② $-5+\sqrt{31}$

解説

1 (1) AB∥DC より，点Aと点Bの y 座標は等しい。点Bの y 座標は，

$y=\frac{1}{2}x^2$ に $x=2$ を代入して，

$y=\frac{1}{2}\times2^2=2$

点Aは y 軸について点Bと対称だから，A$(-2,\ 2)$

(2) 直線BDの傾きは，

$\frac{2-8}{2-0}=-3$，切片8より，

$y=-3x+8$

(3) AB＝4

ABを底辺とすると高さは，$8-2=6$

よって，$4\times6=24$

(4) 原点Oと平行四辺形ABCDの対角線の交点（それぞれの対角線の中点）を通る直線を求めればよい。

対角線BDの中点の座標は，

$\left(\frac{2+0}{2},\ \frac{2+8}{2}\right)=(1,\ 5)$

よって，求める直線は，$y=5x$

Check Point

(4) 2点 $(x_1,\ y_1)$，$(x_2,\ y_2)$ の中点Mの座標は，

$\mathrm{M}\left(\frac{x_1+x_2}{2},\ \frac{y_1+y_2}{2}\right)$

2 (1) AC：CB＝2：1 より，ACとCBの x 座標の差の比も2：1になる。

Aの x 座標 -4，Cの x 座標0より，点Bの x 座標は2である。

(2) (1)よりB$(2,\ 2)$ だから，$y=ax^2$ に代入して，

$2=a\times2^2$　$a=\frac{1}{2}$

(3)

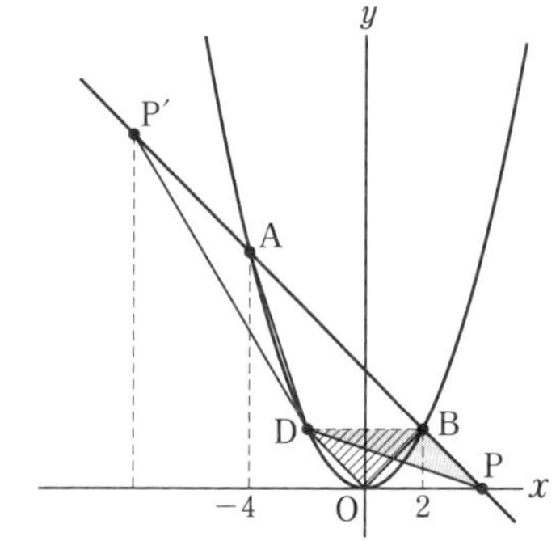

図のように，△DOB＝△DPB とな

る直線 AB 上の点 P は，DB∥x 軸より，x 軸と直線 AB との交点である。
A$(-4,\ 8)$，B$(2,\ 2)$ より，
直線 AB は，$y=-x+4$
この式に $y=0$ を代入すると，
$0=-x+4\quad x=4$
したがって，P$(4,\ 0)$
また，B と反対側の直線 AB 上に点 P があるとき，その点を P′ とすると，
△ADP＝△ADP′
このとき，AP＝AP′ だから，点 P′ の x 座標は，
(A の x 座標)－(AP の x 座標の差)
$=-4-\{4-(-4)\}$
$=-4-8=-12$
y 座標は，$y=-x+4$ に $x=-12$ を代入して，
$y=-(-12)+4=16$
よって，P′$(-12,\ 16)$

3 (1)点 A の y 座標は $y=\dfrac{16}{x}$ に $x=4$ を代入して，
$y=\dfrac{16}{4}=4$
よって，A$(4,\ 4)$
$x=4$，$y=4$ を $y=ax^2$ に代入すると，
$4=a\times4^2\quad a=\dfrac{1}{4}$

(2)点 B の y 座標は $y=\dfrac{1}{4}x^2$ に $x=-2$ を代入して，
$y=\dfrac{1}{4}\times(-2)^2=1$
よって，B$(-2,\ 1)$
直線 AB の傾きは，
$\dfrac{4-1}{4-(-2)}=\dfrac{3}{6}=\dfrac{1}{2}$
直線 AB の式を $y=\dfrac{1}{2}x+b$ とおき，
$x=4$，$y=4$ を代入すると，
$4=\dfrac{1}{2}\times4+b\quad b=2$
よって，$y=\dfrac{1}{2}x+2$

(3)
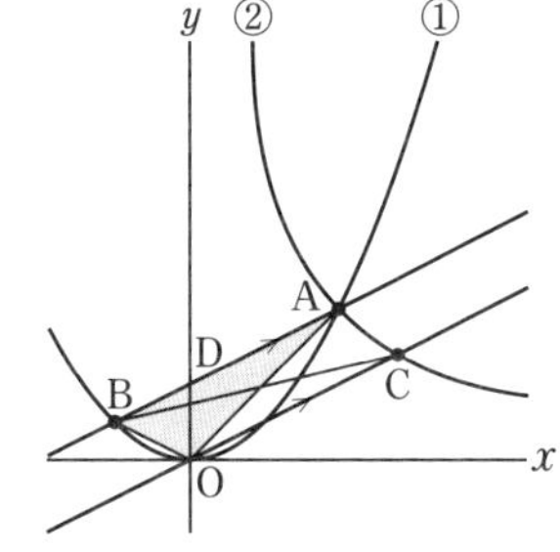

△ABC と △ABO について，AB を共通の底辺と考えると，
AB∥CO だから，
△ABC＝△ABO
直線 AB と y 軸との交点を D とすると，D$(0,\ 2)$
△ABO＝△ADO＋△BDO
$=\dfrac{1}{2}\times2\times4+\dfrac{1}{2}\times2\times2=6$

(4)
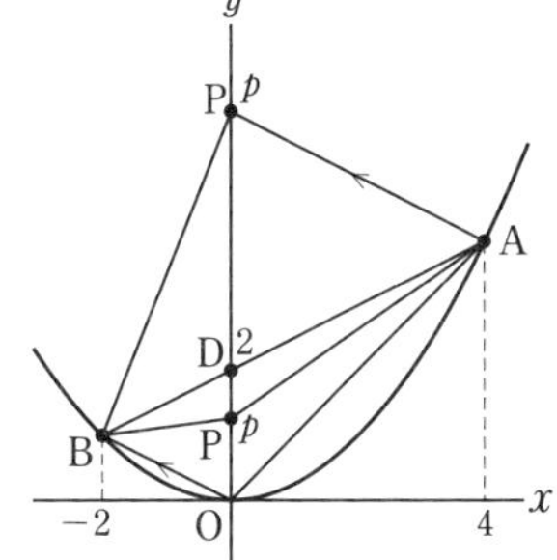

図のように，点 P$(0,\ p)$ とおく。
$p<2$ のとき，△ABP＝△AOP となるのは，
$\dfrac{1}{2}\times(2-p)\times4+\dfrac{1}{2}\times(2-p)\times2$
$=\dfrac{1}{2}\times p\times4\quad 8-4p+4-2p=4p$
$10p=12\quad p=\dfrac{6}{5}$
これは，$p<2$ の条件を満たす。
$p>2$ のとき，△ABP＝△AOP となるのは，AP∥OB のときだから，

AP の傾きは，$\dfrac{4-p}{4-0}=\dfrac{4-p}{4}$

OB の傾きは，$\dfrac{0-1}{0-(-2)}=-\dfrac{1}{2}$

$\dfrac{4-p}{4}=-\dfrac{1}{2}$　$4-p=-2$　$p=6$

これは，$p>2$ の条件を満たす。

4 (1)点 A の座標は $y=-2x$ 上にあるから，$x=-6$ を代入して，

$y=-2\times(-6)=12$

よって，A$(-6,\ 12)$

$y=ax^2$ も点 A を通るから，

$12=a\times(-6)^2$　$12=36a$　$a=\dfrac{1}{3}$

(2)①$y=\dfrac{1}{3}x^2$ で，$x=4$ のとき $y=\dfrac{16}{3}$

したがって，B$\left(4,\ \dfrac{16}{3}\right)$

また，$y=-2x$ で，$x=-1$ のとき $y=2$

したがって，C$(-1,\ 2)$

直線 BC は，傾きが

$\left(\dfrac{16}{3}-2\right)\div\{4-(-1)\}=\dfrac{2}{3}$ で点 C を通るから，

$y=\dfrac{2}{3}x+b$ に $x=-1$，$y=2$ を代入して，$2=\dfrac{2}{3}\times(-1)+b$　$b=\dfrac{8}{3}$

よって，$y=\dfrac{2}{3}x+\dfrac{8}{3}$

したがって，P の座標は

$\left(t,\ \dfrac{2}{3}t+\dfrac{8}{3}\right)$

△BPQ の面積は，

$\dfrac{1}{2}\times\left(\dfrac{2}{3}t+\dfrac{8}{3}\right)\times(4-t)$

$=\dfrac{1}{3}(t+4)(4-t)=\dfrac{1}{3}(16-t^2)$

$=-\dfrac{1}{3}t^2+\dfrac{16}{3}$

②点 A から x 軸に垂線をおろし，直線 BC との交点を R とする。

$y=\dfrac{2}{3}x+\dfrac{8}{3}$ に，$x=-6$ を代入して，

$y=\dfrac{2}{3}\times(-6)+\dfrac{8}{3}=-\dfrac{4}{3}$ より，

R$\left(-6,\ -\dfrac{4}{3}\right)$

△ACP＝△ARP－△ARC

$=\dfrac{1}{2}\times\left(12+\dfrac{4}{3}\right)\times\{(t+6)-5\}$

$=\dfrac{20}{3}(t+1)$

したがって，△ACP＝2△BPQ より，

$\dfrac{20}{3}(t+1)=\dfrac{2}{3}(16-t^2)$

$10t+10=16-t^2$　$t^2+10t-6=0$

$t=\dfrac{-10\pm\sqrt{10^2-4\times1\times(-6)}}{2\times1}$

$=\dfrac{-10\pm2\sqrt{31}}{2}=-5\pm\sqrt{31}$

$-1<t<4$ より，$t=-5+\sqrt{31}$

第10日 点や図形の移動

例題の解法 p.40～41

例題1 ①6　②16　③12
④30　⑤60

例題2 ①4　②x　③4

例題3 ①$\frac{\sqrt{2}}{2}x$　②$\frac{1}{4}x^2$

入試実戦テスト p.42～43

1 (1) $y=4$

(2)

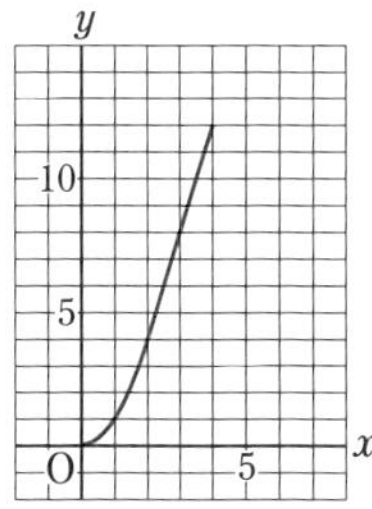

(3) $x=5$, $\frac{25}{4}$

2 (1) 16秒後

(2) ① $y=\frac{1}{4}x^2$

グラフは下の図

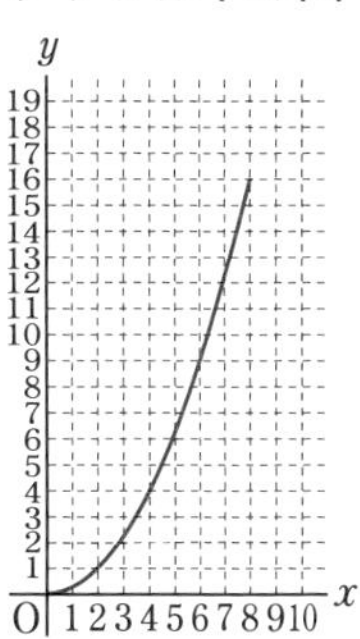

② $y=4x-16$

3 (1) $y=3x^2$

(2) ㋐ 12　㋑ 9

グラフは下の図

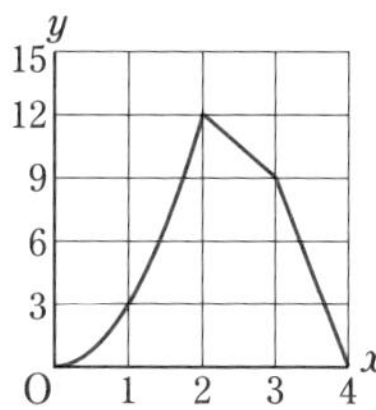

4 (1) ① $y=6x^2$

② $y=-75x+1350$

グラフは下の図

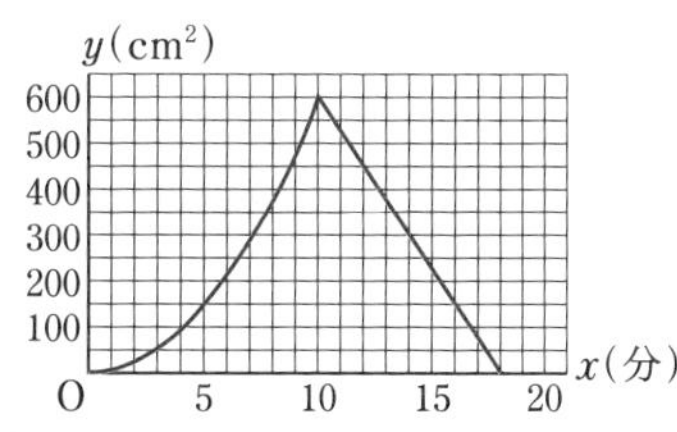

(2) 5分後から16分後まで

解説

1 (1) $x=2$ のとき，次の図のように頂点Dが辺GE上にあるから，yは△ECDの面積である。

$y=\frac{1}{2}\times EC\times CD=\frac{1}{2}\times 2\times 4=4$

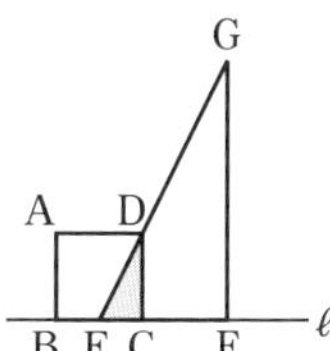

(2) 重なる部分の形が変わるとき，xとyの関係を表す式が変わる。重なる部分が直角三角形になるのは，(1)のように頂点Dが辺GE上に重なるときまでである。よって，$0\leqq x\leqq 2$ のとき，
$EC:CD=EF:FG=1:2$ だから，

$y=\frac{1}{2}\times x\times 2x=x^2$

そして，重なる部分が台形になるのは，次の図のように頂点Bが頂点Eと重なるときまでなので，$2 \leqq x \leqq 4$ のときである。

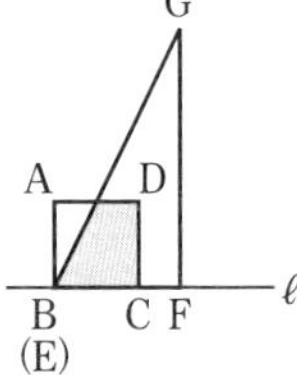

このとき，重なる台形の上底は$(x-2)$，下底は x だから，

$y=\frac{1}{2}\times\{(x-2)+x\}\times 4=4x-4$

これより，グラフは $0 \leqq x \leqq 2$，$2 \leqq x \leqq 4$ の場合に分けてかく。

(3)(2)のグラフより，$y=15$ のとき，$x>4$ とわかる。

$4 \leqq x \leqq 6$ のとき，重なる部分は次の図のようになる。

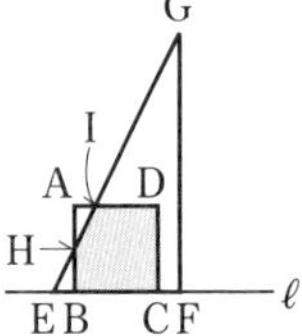

このとき，辺ABとGE，ADとGEの交点をそれぞれH，Iとすると，

y=正方形ABCD−△AHI

よって，$y=15$ のとき，

15=16−△AHI　△AHI=1

$AH=AB-HB=4-2(x-4)=12-2x$

$AI=AD-ID=4-(x-2)=6-x$

したがって，

$\triangle AHI=\frac{1}{2}\times(12-2x)\times(6-x)=1$

$(6-x)^2=1$　$6-x=\pm 1$

$4 \leqq x \leqq 6$ より，$x=5$

$6 \leqq x$ のとき，重なる部分は次の図のようになる。

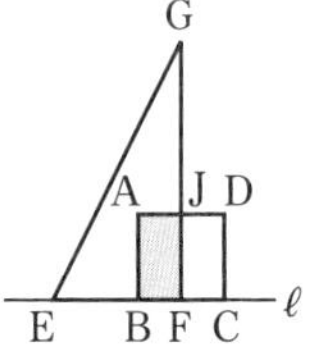

このとき，辺ADとGFの交点をJとすると，

y=正方形ABCD−長方形JFCD

よって，$y=15$ のとき，

15=16−長方形JFCD

長方形JFCD=1

$JF=4$，$FC=x-6$

したがって，

長方形JFCD$=4(x-6)=1$

$4x=25$　$x=\frac{25}{4}$

これは，$6 \leqq x$ の条件を満たす。

2 (1)点PもQも同じ速さで動くので，つねに OP=OQ

したがって，直線PQは，傾き −1，切片を t とすると，

$y=-x+t$

この直線がB(12，4)を通るから，

$x=12$，$y=4$ を代入して，

$4=-12+t$　$t=16$ より，

16秒後

(2)①線分PQと辺OCとの交点をRとすると，△OPRは△OPQの $\frac{1}{2}$ の直角二等辺三角形になる。

よって，面積は，

$y=\frac{1}{2}\times x\times x\times\frac{1}{2}=\frac{1}{4}x^2$

グラフは放物線になる。

②線分PQと辺BCとの交点をRとすると，台形OPRCは，OC=PRの等脚台形だから，

$y=\frac{1}{2}\times(x-8+x)\times 4=4x-16$

ミス注意！ 動点の問題では，x の変域によって y の式が異なる場合が多い。

3 (1) $0 \leqq x \leqq 2$ のとき，点 P は辺 AB 上に，点 Q は辺 BC 上にあるので，

$\triangle \mathrm{APQ}=\frac{1}{2}\times 3x\times 2x=3x^2(\mathrm{cm}^2)$

したがって，$y=3x^2$

(2) $2 \leqq x \leqq 3$ のとき，点 P と Q は辺 BC 上を動くので，

$\mathrm{PQ}=(2x+6)-3x=6-x(\mathrm{cm})$

より，

$y=\frac{1}{2}\times(6-x)\times 6=18-3x$

$3 \leqq x \leqq 4$ のとき，点 Q は C に止まったまま，点 P だけが動くので，

$\mathrm{PQ}=12-3x(\mathrm{cm})$ だから，

$y=\frac{1}{2}\times(12-3x)\times 6$

$\quad=36-9x$

これよりグラフは $0 \leqq x \leqq 2$，$2 \leqq x \leqq 3$，$3 \leqq x \leqq 4$ の場合に分けてかく。

4 (1)①P は辺 AB 上，Q は辺 AC 上にある。

△APQ と △ABC において，

AP：AQ＝AB：AC＝5：3

∠A は共通だから，

$\triangle \mathrm{APQ} \backsim \triangle \mathrm{ABC}$

よって，$\mathrm{AQ}=3x$ cm のとき，

$\mathrm{PQ}=4x$ cm だから，

$y=\frac{1}{2}\times 3x\times 4x=6x^2$

②P は辺 BC 上にあり，Q は C で止まっているから，

△APQ の底辺は $\mathrm{PQ}=90-5x(\mathrm{cm})$，

高さは 30 cm だから，

$y=\frac{1}{2}\times(90-5x)\times 30$

$\quad=-75x+1350$

(2)①のとき，$6x^2=150$

$x>0$ より，$x=5$

②のとき，$-75x+1350=150$

$x=16$

よって，グラフより，5 分後から 16 分後まで。

総仕上げテスト

▶p.44〜47

1 (1) -1　(2) $y=x+5$

(3) 8個　(4) $-\frac{11}{3}$, $\frac{17}{3}$

2 (1) a…2, b…4

あ…$y=x^2$, い…$y=4x-4$

う…$y=3x$

(2) $\frac{14}{3}$ 秒後

3 (1) $b=105$, エ

(2) 8分24秒後

4 (1) $y=-\frac{3}{4}x+3$

(2) C$\left(\frac{3}{4}, \frac{3}{2}\right)$

5 (1) $0 \leqq x \leqq 30$ におけるグラフは，原点と (30, 2400) を通る。

よって，傾きは $\frac{2400}{30}=80$ より，式は $y=80x$ である。9時11分に希さんのいる地点は，$y=80x$ に $x=11$ を代入して，$y=80\times11=880$(m) であり，$880<900$ である。

したがって，9時11分に希さんのいる地点は，家から駅までの間である。

(2) A(28, 0), B(40, 2400)

(3) 10時8分45秒

6 (1) $-\frac{25}{4} \leqq y \leqq 0$

(2) 点B, $b=8$

(3) $a=\frac{1}{2}$

7 (1) $a=\frac{1}{8}$

(2) ① D(8, 0)　② 3：7

解説

1 (1) $y=\frac{6}{x}$ に $x=-6$ を代入して，

$y=-1$

(2) Bの座標は，$y=\frac{6}{x}$ 上にあるから，

$x=1$ を代入して，$y=6$

よって，B(1, 6)

直線ABの傾きは，

$\frac{6-(-1)}{1-(-6)}=\frac{7}{7}=1$

直線ABの式を $y=x+b$ とおき，$x=1$, $y=6$ を代入すると，

$6=1+b$, $b=5$

よって，$y=x+5$

(3) x が6の正と負の約数であればよい。

±1, ±2, ±3, ±6 の8個。

(4)

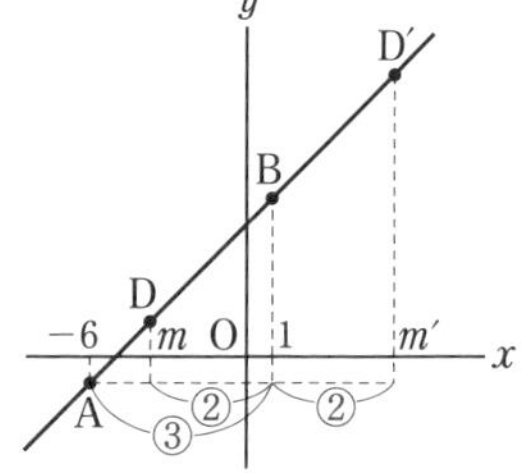

上の図のように，点Dが線分AB上にあるときと，点Dが線分ABの延長上にあるときとに分けて，線分AB上のときをD(m, n)，延長上のときをD′(m', n')とする。

三角形の面積比は，高さが等しいとき，底辺の比 AB：BD になるから，これを x 軸に移して考えると，

$7:(1-m)=3:2$ から，$m=-\frac{11}{3}$

$7:(m'-1)=3:2$ から，$m'=\frac{17}{3}$

2 (1)重なる部分の形が変わるときに，x と y の関係を表す式が変わる。
重なる部分が直角三角形になるのは，下の図のようにQの左上の頂点がPの斜辺に重なるときまでである。

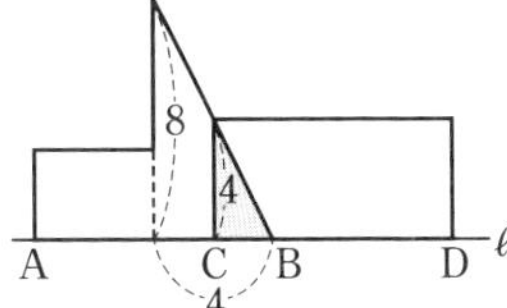

このとき，4：8＝CB：4　CB＝2
よって，Ⅰは $0 \leqq x \leqq 2$ のときで，底辺をCBとすると高さは2CBだから，

$y=\frac{1}{2}\times x\times 2x=x^2$

次に，重なる部分が台形になるのは，下の図のように辺ABの中点に点Cがくるときまでである。

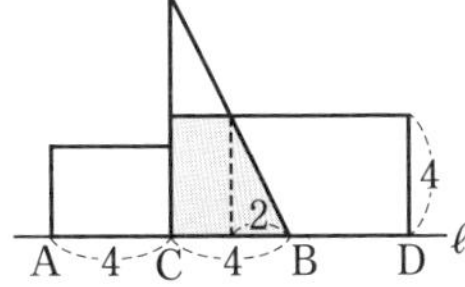

よって，Ⅱは $2 \leqq x \leqq 4$ のときで，
重なる台形は上底が $(x-2)$ cm，下底が x cm だから，

$y=\frac{1}{2}\times\{(x-2)+x\}\times 4=4x-4$

最後に，重なる部分が台形＋長方形になるのは，下の図のように点Cが辺ABの中点を過ぎて点Aに重なるまでである。

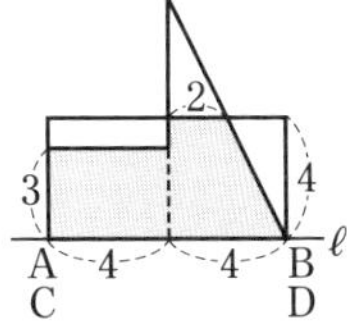

よって，Ⅲは $4 \leqq x \leqq 8$ のときで，
重なる長方形の横の長さは $(x-4)$ cm だから，

$y=\frac{1}{2}\times(2+4)\times 4+3\times(x-4)$
$=12+3x-12=3x$

(2)Pの面積は，

$3\times 4+\frac{1}{2}\times 4\times 8=12+16=28(\text{cm}^2)$

したがって，$y=28\div 2=14$ となるときを求めればよい。
Ⅰのとき，$y=x^2$ に $y=14$ を代入すると，$14=x^2$　$x=\pm\sqrt{14}$
これは，$0 \leqq x \leqq 2$ の条件を満たさない。
Ⅱのとき，$y=4x-4$ に $y=14$ を代入すると，$14=4x-4$　$x=\frac{9}{2}$
これは，$2 \leqq x \leqq 4$ の条件を満たさない。
Ⅲのとき，$y=3x$ に $y=14$ を代入すると，$14=3x$　$x=\frac{14}{3}$
これは，$4 \leqq x \leqq 8$ の条件を満たす。

3 (1)(6，180)，(10，230)を通る直線だから，傾きは，$\frac{230-180}{10-6}=\frac{50}{4}=\frac{25}{2}$

$y=\frac{25}{2}x+b$ とおいて，$x=6$，$y=180$ を代入すると，$180=\frac{25}{2}\times 6+b$　$b=105$

このときの傾き $\frac{25}{2}$ はPから1分間に出た水の量だから，
(Qから出た水の量)
＝230－(Pから10分間に出た水の量)
$=230-\frac{25}{2}\times 10=230-125=105$

(2)(1)より，Pからは1分あたり $\frac{25}{2}$ Lの水が出ており，Qから出た水の量は105 Lだから，求める時間を x 分後とおくと，

$\frac{25}{2}x=105$　$x=\frac{42}{5}=8\frac{2}{5}=8\frac{24}{60}$

よって，8分24秒後

4 (1)A(4，0)，B(0，3)より，直線BA

の傾きは $-\frac{3}{4}$，切片は 3 だから，

$y=-\frac{3}{4}x+3$

(2)

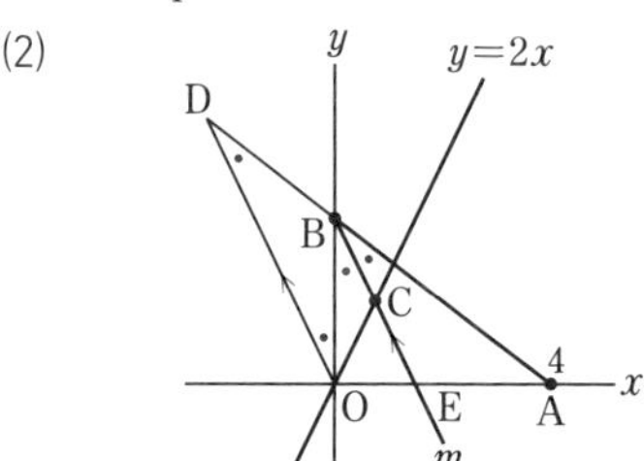

図のように，点 D，E を BE∥DO となるように定める。

△ABO は直角三角形なので三平方の定理より，AB=5

DB=BO=3，OD∥m より，

DB：BA=OE：EA=3：5 だから，

$OE=4\times\frac{3}{3+5}=\frac{3}{2}$

よって，$E\left(\frac{3}{2},\ 0\right)$ より，

直線 m は $y=-2x+3$

これと $y=2x$ とを連立方程式として交点 C の座標を求めると，$C\left(\frac{3}{4},\ \frac{3}{2}\right)$

Check Point

△ABC の ∠A の二等分線が辺 BC と交わる点を D とすると，

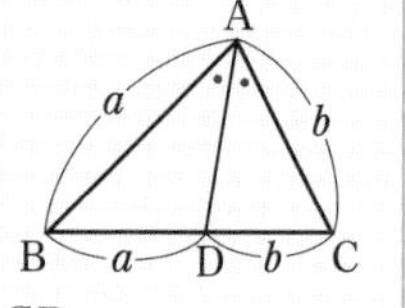

AB：AC=BD：CD

(2)で △BOA に用いると，

BO：BA=OE：AE=3：5

5 (2)希さんは，図書館から駅までの道のり 2400−900=1500(m) を分速 75 m で歩いたから，かかった時間は，

1500÷75=20(分)

よって，希さんが図書館を出発したのは，20+15=35(分) より，10 時 15 分の 35 分前なので，9 時 40 分とわかる。

姉が図書館に着いたのと希さんが図書館を出発したのは同時だから，

B(40，2400) である。

姉は分速 200 m で図書館まで行ったから，かかった時間は，

2400÷200=12(分)

よって，9 時 40 分より 12 分前の 9 時 28 分に家を出発したとわかる。したがって，A(28，0)

(3)兄と希さんのすれちがった時間は，$60\leqq x\leqq 75$ において，兄のグラフと希さんのグラフが交わる点の x 座標である。

兄は，10 時 5 分に出発してから，途中に駅で 15 分間友達と話し 10 時 38 分に家に着くまで，一定の速さで走って，家から駅までを 1 往復している。

よって，18 分間で 1800 m 走ったことになり，速さは 1800÷18=100 より，分速 100 m

したがって，兄は 900÷100=9 より，家を出てから 9 分後に駅に着いた。このとき，9 時から x 分後に兄が家から y m 離れているとすると，$60\leqq x\leqq 74$ における兄の x と y の関係を表す式は，$y=100x+b$ に，$x=65$，$y=0$ を代入して，

$0=100\times65+b$　$b=-6500$

よって，$y=100x-6500$ ……①

希さんの $60\leqq x\leqq 75$ におけるグラフは，(60，900)，(75，0) を通るから，

傾き $\frac{0-900}{75-60}=-\frac{900}{15}=-60$

$y=-60x+c$ とおいて $x=75$，$y=0$ を代入すると，$0=-60\times75+c$

$c=4500$

よって，$y=-60x+4500$ ……②

①，②を連立方程式として解くと，

$100x-6500=-60x+4500$

$160x=11000$

$x=\frac{275}{4}=68\frac{3}{4}=68\frac{45}{60}$

よって，兄と希さんがすれちがった時刻は，10時8分45秒

6 (1) y の最大値は $x=0$ のときで $y=0$，最小値は $x=5$ のときで $y=-\frac{25}{4}$

(2) A$(-2,\ 0)$ を通るとき，

$0=-2\times(-2)+b\quad b=-4$

D$(-2,\ -1)$ を通るとき，

$-1=-2\times(-2)+b\quad b=-5$

F$(4,\ -4)$ を通るとき，

$-4=-2\times4+b\quad b=4$

B$(4,\ 0)$ を通るとき，

$0=-2\times4+b\quad b=8$

よって，点Bを通るときで，$b=8$

別解 右下がりで傾きの等しい直線をそれぞれの点を通るようにひくと，y 軸と最も高い位置で交わるのは点Bを通るときである。

したがって，$y=-2x+b$ に，$x=4$，$y=0$ を代入して，

$0=-2\times4+b\quad b=8$

(3) $\angle$CEF$=\angle$CFE だから，

$\triangle$CEF は二等辺三角形。

よって，CからEFに垂線CHをひくと，HはEFの中点となる。

C$(-2,\ 4a)$ だから，H$(4,\ 4a)$

また，E$(4,\ 16a)$，F$(4,\ -4)$

EH$=$FH より，

$16a-4a=4a+4\quad a=\frac{1}{2}$

7 (1) $y=ax^2$ に $x=-4$，$y=2$ を代入して，

$2=a\times(-4)^2\quad a=\frac{1}{8}$

(2) ① Bの座標は $(4,\ 2)$ だから，

AB$=8$

よって，OD$=$AB$=8$ だから，

D$(8,\ 0)$

② （立体㋐）

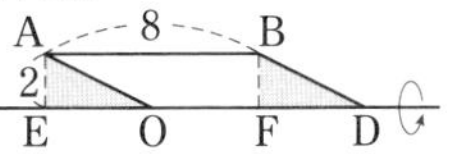

立体㋐で，A，Bから x 軸に垂線をひき，それぞれの交点をE，Fとすると，求める体積は，長方形AEFBを x 軸を軸として1回転させてできる円柱と等しいから，

$\pi\times2^2\times8=32\pi$

（立体㋑）

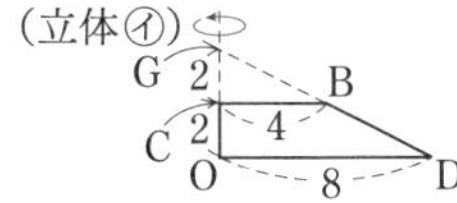

立体㋑で，直線BDと y 軸との交点をGとすると，求める体積は，$\triangle$GODを y 軸を軸として1回転させてできる円錐（えんすい）の体積から，$\triangle$GCBを y 軸を軸として1回転させてできる円錐の体積をひけばよい。

よって，

$\frac{1}{3}\times\pi\times8^2\times4-\frac{1}{3}\times\pi\times4^2\times2=\frac{224}{3}\pi$

したがって，求める体積比は，

$32\pi：\frac{224}{3}\pi=96：224=3：7$

メモ